Astronomische Abhandlungen
Ergänzungshefte zu den Astronomischen Nachrichten
Band 12, Nr. 2

Nr. 2

MAX BEYER

Untersuchungen des Lichtwechsels von 70 unperiodischen Veränderlichen

1950

AKADEMIE-VERLAG · BERLIN

ERSCHIENEN IM AKADEMIE-VERLAG GMBH., BERLIN NW 7, SCHIFFBAUERDAMM 19

LIZENZ-NR. 156 · 4918/49-5499/49

GEDRUCKT IN DER BUCHDRUCKEREI F. MITZLAFF, RUDOLSTADT (815)

BESTELL- UND VERLAGS-NUMMER 2015/12/2 · PREIS DM 9,—

Astronomische Abhandlungen
Ergänzungshefte zu den Astronomischen Nachrichten
Band 12, Nr. 2

Untersuchungen des Lichtwechsels von 70 unperiodischen Veränderlichen

Von M. BEYER, Hamburg-Bergedorf

Mit 1 Abbildung

Während eine große Zahl der unregelmäßigen Veränderlichen trotz eines mehr oder weniger regellosen Aufbaus ihrer Lichtkurven eine durchlaufende oder zeitweilige Periodizität der Hauptschwankungen aufweist, lassen die im folgenden behandelten unperiodischen Veränderlichen entweder nur noch Zyklen mit Zwischenzeiten von ähnlicher Länge oder überhaupt keine Anzeichen von Gesetzmäßigkeiten erkennen. In den Jahren 1923—1939 wurden hier insgesamt 98 Veränderliche dieser Art zum Teil länger als ein Jahrzehnt hindurch beobachtet. Nachdem einige dieser Beobachtungsreihen bereits früher an dieser Stelle bzw. in den Astron. Nachr. veröffentlicht worden sind, enthält die vorliegende Arbeit eine Zusammenstellung der restlichen Beobachtungen von 70 Sternen und eine Diskussion der daraus gewonnenen Ergebnisse. Es zeigt sich, daß die vom Verfasser in den Astron. Nachr. **263**.33—88 (1936) vorgenommene Einteilung der Unperiodischen in rote, gelbe und weiße Sterne im wesentlichen auch den Unterschieden in den Merkmalen ihres Lichtwechsels entspricht. Die am häufigsten vorkommenden roten Unperiodischen bilden den Hauptteil der untersuchten Sterne. Ihre Lichtkurven verlaufen im Gegensatz zu denjenigen der gelben und weißen Unperiodischen mehr oder weniger wellenförmig, so daß Eigentümlichkeiten in der Aufeinanderfolge und Höhe der Schwankungen sowie Beziehungen zwischen den Längen der Hauptwellen und übergeordneten Schwankungen geprüft werden können. Eine von H. SCHNELLER in MVS 94 (1944) vorgeschlagene Unterteilung dieser roten Unperiodischen in die beiden Gruppen der μ Cephei- und BY Serpentis-Sterne wurde beibehalten und zum Zwecke einer Charakteristik der Lichtkurven für die hier beobachteten Sterne erweitert. Frühere Feststellungen, daß die aus verschiedenen, hinreichend großen Kurvenabschnitten bestimmten Mittelwerte für die Längen der Einzelwellen im allgemeinen gut übereinstimmen, konnten bestätigt werden. Die mittleren Längen dieser Zyklen liegen im wesentlichen zwischen 45 und 120 Tagen und decken damit die Periodenlücke zwischen den δ Cephei- und Mira-Sternen, die von den gleichfalls wenig regelmäßigen Veränderlichen der intermediate group ausgefüllt wird. Damit setzen die Zyklen der Unperiodischen die Perioden der Mira-Sterne nach unten hin fort. Es ist wahrscheinlich, daß die allen Langperiodischen eigentümlichen kurzen und unregelmäßigen sekundären Wellen mit abnehmender Amplitude des Hauptlichtwechsels immer deutlicher hervortreten und schließlich sehr kleine periodische Grundschwingungen mit Amplituden von weniger als etwa $0^m.6$ so überlagern, daß diese kaum noch nachzuweisen sind. Eine statistische Betrachtung der Beziehungen zwischen den Zyklen und den zumeist vorhandenen langsamen Schwankungen der mittleren Helligkeit führt bei den roten Unperiodischen zu den gleichen Ergebnissen, wie sie von FR. PALMÉR für die vorwiegend periodischen und halbperiodischen Unregelmäßigen der Spektralklassen M und N abgeleitet sind. Da auch alle übrigen bei den Periodischen gefundenen Korrelationen nachzuweisen sind, ist anzunehmen, daß der Lichtwechsel der Unperiodischen und damit aller physischen Veränderlichen durch gleichartige periodische Vorgänge ausgelöst wird. Eine Ausnahme bilden nur die sehr seltenen weißen und gelben Unperiodischen, deren Helligkeitsänderungen wahrscheinlich auf äußere Einflüsse zurückzuführen sind.

Neben der systematischen Überwachung einiger ausgewählter Gruppen von periodischen Veränderlichen, insbesondere von Sternen mit Perioden von 30 bis 150 Tagen, wurde im Jahre 1923 auch die Beobachtung einer kleinen Zahl von Veränderlichen mit unperiodisch verlaufenden Helligkeitsänderungen in Angriff genommen. Planmäßige Untersuchungen waren zunächst nur für solche Sterne vorgesehen, die infolge ihres eigenartigen und außergewöhnlichen Lichtwechsels besonderes Interesse beanspruchten. Sie erfuhren jedoch durch die Einbeziehung von zahlreichen Veränderlichen mit unbekanntem oder irrtümlich als periodisch bezeichnetem Lichtwechsel sehr bald eine erhebliche Erweiterung. So entwickelte sich daraus schließlich ein recht umfangreiches Beobachtungsprogramm, in dessen Rahmen innerhalb der Jahre 1923—39 insgesamt 13 861 Helligkeitsbeobachtungen von 98 Veränderlichen erhalten wurden. Im September 1939 fanden diese Beobachtungen infolge des Kriegsausbruchs und der Einberufung des Verfassers zur Wehrmacht ihren vorzeitigen Abschluß. Da an eine Wiederaufnahme der Beobachtungstätigkeit zunächst nicht zu denken war, wurde im Frühjahr 1941 mit der Auswertung aller bis dahin noch unbearbeiteten Helligkeitsbeobachtungen begonnen. Dieser Entschluß erwies sich in der Zukunft insofern als ein Glück, als durch das ständige Mitführen der Beobachtungsbücher sämtliche unveröffentlichten visuellen Veränderlichen-Beobachtungen der Vernichtung entgingen, der alle übrigen astronomischen Arbeiten des Verfassers bei der Zerstörung seiner Wohnung und Beobachtungsstätte in Hamburg infolge der schweren Luftangriffe im Juli 1943 zum Opfer fielen. In bezug auf die vorliegende Arbeit ist nur der Verlust von 132 photographischen Filteraufnahmen zu beklagen, die nach Möglichkeit im Maximum und Minimum der Helligkeit eines Veränderlichen erhalten wurden und in erster Linie zur Ableitung von Farbenindizes als Ersatz für die zumeist fehlenden Spektra dienen sollten. Das schleppende Fortschreiten der Reduktionsarbeiten in den Jahren 1941—46 wurde im wesentlichen durch die stark hemmenden äußeren Umstände, die sich aus dem Krieg und der Gefangenschaft ergaben, insbesondere auch durch den Mangel an Fachliteratur verursacht, deren Benutzung für eine Diskussion der Ergebnisse unerläßlich ist. Ein großer Teil der Arbeit konnte daher erst nach meiner Übersiedlung auf die Sternwarte Bergedorf erledigt und im Herbst 1947 zum Abschluß gebracht werden.

Nachdem bereits früher fast die Hälfte der im Rahmen dieses Programms erhaltenen Beobachtungen, insgesamt 6487 Helligkeitsschätzungen von 30 unperiodischen Sternen, in den Astronomischen Nachrichten veröffentlicht worden ist, bilden die restlichen 7374 Beobachtungen von 70 Veränderlichen und die daraus abgeleiteten Ergebnisse den Inhalt dieser Arbeit. Darunter befinden sich die Fortsetzungen der Veröffentlichungen über die beiden Sterne Z CMa und RZ UMa.

In meiner vor kurzem erschienenen Arbeit „Über den Lichtwechsel der Veränderlichen mit Perioden von 30 bis 150 Tagen"[1]) ist erstmalig zwischen unregelmäßig und unperiodisch verlaufenden Helligkeitsänderungen unterschieden worden. Diese Maßnahme erwies sich als notwendig, weil die bisher allgemein übliche Bezeichnung „unregelmäßig" für verschiedene, voneinander unabhängige Merkmale des Lichtwechsels verwendet wurde und somit zu Unklarheiten und Mißverständnissen führte. Die zum Zwecke statistischer Untersuchungen erforderliche Klassifizierung der Veränderlichen kann in Ermangelung sonstiger, insbesondere spektraler Beobachtungen zumeist nur nach den äußeren Formen ihrer Lichtkurven erfolgen. Bei der großen Vielfalt der Kurvenbilder kommt es darauf an, diejenigen Merkmale herauszustellen, deren Vorhandensein oder Fehlen Rückschlüsse auf die physische Beschaffenheit der Sterne oder auf den Mechanismus ihres Lichtwechsels zu ziehen verspricht. Dazu gehören in erster Linie die Periodizität, die Amplitude und der Verlauf der Helligkeitsänderungen. Für eine Einteilung und Gruppierung der Veränderlichen ist die Frage nach dem Vorhandensein einer Periodizität im zeitlichen Ablauf des Lichtwechsels sicherlich bedeutsamer als die Beurteilung der Regelmäßigkeit in der Entwicklung der einzelnen Schwankungen, da die Periodizität stets auf eine ganz bestimmte und auf lange Sicht gleichartig wirkende Ursache des Lichtwechsels schließen läßt. Es empfiehlt sich daher, die Begriffe der Periodizität und Regelmäßigkeit streng voneinander zu trennen und den Begriff der Regelmäßigkeit lediglich für die Charakteristik des Helligkeitsverlaufs, wie er sich in der Form der Lichtkurven spiegelt, zu verwenden. Danach kann ein unregelmäßiger Lichtwechsel durchaus periodisch und umgekehrt ein unperiodischer in sehr regelmäßig geformten Wellen verlaufen. Die bisher üblichen Bezeichnungen „regelmäßig" oder „unregelmäßig" wären in vielen Fällen besser durch „periodisch" oder „unperiodisch" zu ersetzen, sofern sie sich, wie beispielsweise in „Katalog und Ephemeriden Veränderlicher Sterne"[2]) auf Gesetzmäßigkeiten im zeitlichen Ablauf des Lichtwechsels beziehen sollen. Leider ist die Frage, ob periodisch oder nicht, durchaus nicht immer so leicht zu beantworten, wie man zunächst erwarten könnte. Die vom Verfasser in seiner oben erwähnten Arbeit gegebene Unterteilung der Periodischen in die 3 Gruppen der „periodisch", „halbperiodisch" und „zyklisch" veränderlichen Sterne, wobei innerhalb der ersten Gruppe wiederum „streng periodische", „periodische" und „fast periodische" Veränderliche unterschieden werden, zeigt deutlich, welche Abstufungen auftreten oder, vorsichtiger ausgedrückt, wie weit er selber eine Differenzierung für wünschenswert hält, und bis zu welchen Grenzen er bereit ist, einen Vorgang noch als periodisch anzusehen. Da in der 2. Gruppe der „Halbperiodischen" ein an sich periodisch verlaufender Lichtwechsel nur innerhalb kurzer Zeitabschnitte von regellosen Helligkeitsänderungen unterbrochen wird, um dann wieder in der alten Weise fortgeführt zu werden, gehören diese Veränderlichen sicherlich noch zu den Periodischen. Wesentlich anders liegt jedoch der Fall bei den „zyklisch veränderlichen" Sternen der 3. Gruppe, die zeitweilig Helligkeitsschwankungen in 4 bis 8 Wellen von ähnlicher Länge vollführen, dann aber wieder in einen völlig unperiodischen Lichtwechsel zurückfallen. Wenn diese zeitweilig auftretenden Zyklen auch wesentlich deutlicher auf ver-

[1]) Erg.-Heft z. d. Astron. Nachr. 11, Nr. 5 (1948). — [2]) Kl. Veröff. Univ. Sternw. Berlin-Babelsberg Nr. 26 (1942).

steckte Gesetzmäßigkeiten hinweisen, als es die bei vielen Unperiodischen zu findende Bevorzugung einer mittleren Schwingungsdauer zu zeigen vermag, so darf dieser Lichtwechsel rein formal wohl kaum noch als periodisch bezeichnet werden. Aus diesem Grunde hat B. P. GERASIMOVIČ[3]) im Jahre 1927 hierfür den Begriff der zyklischen Veränderlichkeit eingeführt. Diese Sterne können somit ebenso gut den unperiodischen Veränderlichen zugeordnet werden und sind daher auch zum Teil in den Rahmen dieser Betrachtung einbezogen.

Über die Häufigkeit des Vorkommens von unperiodischen Helligkeitsänderungen gibt eine Abzählung des in ,,Katalog und Ephemeriden Veränderlicher Sterne für 1943''[4]) gegebenen Verzeichnisses aller Veränderlichen Aufschluß. Dieses letzte zur Zeit verfügbare, vollständige Veränderlichen-Verzeichnis enthält ohne die Supernovae und Haufen-Veränderlichen insgesamt 9430 Sterne, von denen die Art des Lichtwechsels für 8454 als bekannt oder wahrscheinlich angegeben ist. Im folgenden sind die Zahlen für die einzelnen Untergruppen zusammengestellt:

8454 Veränderliche mit bekanntem Lichtwechsel

optische Veränderliche 1633 Sterne	physische Veränderliche 6821 Sterne		Zahl
Algol-Sterne	Unperiodische	Novae und Nova-ähnliche	118
β Lyr-Sterne		U Gem, Z Cam, XX Oph und ähnliche	88
W UMa-Sterne		R CBr und ähnliche	33
		Unregelmäßige	1086
	Periodische	RR Lyr- und δ Cep-Sterne	1960
		Langperiodische	3276
		Halbregelmäßige	260

Danach haben fast 81% aller physischen Veränderlichen einen klar hervortretenden periodischen oder nahezu periodischen Lichtwechsel. Bedenkt man nun, daß die Feststellung eines unperiodischen Helligkeitsverlaufs wesentlich schwieriger und unsicherer ist als der Nachweis einer Periodizität, so dürfte die Zahl der unperiodischen Veränderlichen eher zu niedrig als zu hoch anzusehen sein. Dazu kommt, daß sich die Unperiodischen infolge der Schwierigkeit ihrer Beobachtung, die durch die zumeist kleinen Helligkeitsamplituden, durch ihre Färbung und die stets erforderliche lange Dauer ihrer Überwachung hervorgerufen wird, nur einer sehr geringen Beliebtheit erfreuen und deshalb weit weniger bekannt sind als die gleichhellen Periodischen. Versteckte oder nur zeitweilig hervortretende Gesetzmäßigkeiten dürften deshalb oft der Beobachtung entgangen sein. Die Grenzen zwischen den Periodischen und Unperiodischen verlaufen im übrigen fließend und sind daher in hohem Maße eine Angelegenheit der persönlichen Auffassung. So zeigen die U Geminorum-Sterne jene seit langem bekannte Abhängigkeit ihrer Helligkeitsamplituden von den Zwischenzeiten ihres Aufleuchtens, eine Gesetzmäßigkeit, die neuerdings auch bei einigen Novae nachgewiesen werden konnte. Sofern man bereit ist, diese und ähnliche Korrelationen als periodische Erscheinungen anzusprechen, schmilzt die Zahl der Unperiodischen noch weiter zusammen. Schließlich ist zu bemerken, daß auch die Helligkeitsänderungen der meisten roten Unperiodischen innerhalb gewisser zeitlichen Grenzen erfolgen und dabei oft bestimmte Zwischenzeiten bevorzugen. Diese Erscheinung legt den Verdacht nahe, daß auch bei ihnen ein periodischer Vorgang den Lichtwechsel auslöst, dessen Verlauf jedoch durch Störungen irgendwelcher Art völlig verwischt wird.

Diesen Gedanken hat FRIDA PALMÉR in ihrer 1939 erschienenen Arbeit ,,Studies of Irregular Variable Stars''[5]) aufgegriffen und weiter entwickelt. FR. PALMÉR bezieht in Übereinstimmung mit dem Verfasser den Begriff der Unregelmäßigkeit lediglich auf die äußere Gestalt der Lichtkurven, die sie als zusammengesetzte Kurven betrachtet (variables having complex light-curves). Infolgedessen werden dort sowohl die Langperiodischen mit kleinen Amplituden als auch die RV Tauri-Sterne und verwandte Gruppen sowie alle ,,Halbregelmäßigen'' und zyklisch veränderlichen Sterne behandelt. Damit sind alle Übergänge von einer fast strengen Periodizität bis zu zyklisch verlaufenden Schwankungen erfaßt, sofern bei ihnen ein unregelmäßig aufgebautes Kurvenbild vorhanden ist. Derartige Unregelmäßigkeiten treten in mehr oder weniger großem Umfange bei allen physischen Veränderlichen mit Perioden $> 45^d$ auf. Sie finden sich in besonderer Steigerung bei den Sternen der Periodenlücke (intermediate group; $P = 45$ bis 90^d) sowie bei den Veränderlichen mit Perioden von rund 100 Tagen.

[3]) Harv. Bull. 849 (1927). — [4]) Kl. Veröff. Univ. Sternw. Berlin-Babelsberg Nr. 26 (1942). — [5]) Lund Medd. Ser. II, Nr. 103 (1939).

Die völlig regellos aufgebauten Lichtkurven dieser Sterne, in denen zumeist kürzere Wellen mit langsamen Schwankungen der mittleren Helligkeit oder fortschreitenden Änderungen der Amplitude einhergehen, werden von FR. PALMÉR als Interferenzen infolge einer Überlagerung von mehreren nebeneinander bestehenden periodischen Schwingungen gedeutet, bei der solche Schwankungen von großer Dauer und Schwebungen der Amplitude auftreten können. Diese Erklärung wird durch den Nachweis von Gesetzmäßigkeiten erhärtet, die sich im Verhältnis der Längen der kurzen Wellen zu den Perioden der langsamen Schwankungen der mittleren Helligkeit finden, das seinerseits wieder sowohl mit den Periodenlängen als auch mit dem Spektraltyp korreliert erscheint. Es ist aber zu berücksichtigen, daß diese Zusammenhänge schon bei den Halbperiodischen und zyklisch veränderlichen Sternen ziemlich unklar hervortreten. Für die stark wechselnden Zwischenzeiten der Unperiodischen dürfen sie keineswegs als nachgewiesen gelten. Einige von FR. PALMÉR gegebene graphische Beispiele zeigen, daß sich gewisse bei den Veränderlichen vorkommenden Kurventypen durch eine Überlagerung von zwei harmonischen Schwingungen verschiedener Länge und Amplitude erzeugen lassen. Betrachtet man jedoch die verschiedenen Lichtkurven der Unperiodischen daraufhin näher, so erscheint es wenig wahrscheinlich, daß diese durch eine FOURIER- oder Periodogramm-Analyse eine sinnvolle Darstellung finden. Die einzigen bisher erfolgreichen Versuche einer Periodogramm-Analyse wurden 1916 von J. VAN DER BILT[6]) bei RV Tauri und 1934 von K. STUMPFF[7]) bei R Scuti durchgeführt. In beiden Fällen handelt es sich um klassische Vertreter der periodischen RV Tauri-Sterne, deren halbregelmäßige Lichtkurven einen klaren und charakteristischen Aufbau zeigen. Ähnliche Versuche von Analysen der Lichtkurven von μ Cephei[8]) haben zu wenig befriedigenden Ergebnissen geführt. Das Verfahren wäre erst sinnvoll, wenn verschiedene Abschnitte der Lichtkurven übereinstimmende Ergebnisse liefern würden und die Realität der gefundenen Perioden durch eine Vorausberechnung des Lichtwechsels bewiesen werden könnte. Andererseits ist nicht recht einzusehen, weshalb bei diesen Sternen nicht auch wirkliche Unregelmäßigkeiten auftreten sollen, wie sie doch bei fast allen physischen Veränderlichen, wahrscheinlich auch bei den δ Cephei-Sternen zu finden sind. Sofern diese auf kleinen Temperaturschwankungen beruhen, treten sie erst bei Sternen mit niedrigen Oberflächen-Temperaturen störend hervor. Sie können dann einen periodischen Lichtwechsel kleiner Amplitude bis zur Unkenntlichkeit entstellen.

Die im folgenden gegebene Zusammenstellung der hier erhaltenen Beobachtungen umfaßt neben den roten Unperiodischen auch die verschiedenen Spektralklassen angehörenden RW Aurigae-Sterne sowie die Nova-ähnlichen Veränderlichen. Die außerhalb dieses Programms durchgeführten Untersuchungen der echten Novae sowie die Beobachtungen von zweifelhaften Veränderlichen sind späteren Veröffentlichungen vorbehalten.

Die Beobachtungen wurden in der Zeit 1923 Aug. bis 1926 April an einem fest aufgestellten, parallaktischen Vierzöller von 165 cm Brennweite (Vergr. 55 × u. 120 ×) in Altona-Ottensen, von 1926 April bis 1932 März am 115-mm-Refraktor (Vergr. 50 × u. 110 ×) der GUMMELTschen Privatsternwarte zu Hamburg-Großborstel und von 1932 Aug. bis 1939 Sept. zunächst an dem erstgenannten Vierzöller, von 1935 Mai ab am 142 mm-Refraktor, $F = 195$ cm, meiner Privatsternwarte in Hamburg ausgeführt. Außer diesen Instrumenten standen für die Überwachung der helleren Objekte mehrere kleinere Fernrohre zur Verfügung. Die Sichtgrenze der beiden Vierzöller lag in guten Nächten bei etwa 13^m6, diejenige des 142 mm-Refraktors bei 14^m2 (Harv.).

Die Helligkeiten der Veränderlichen wurden mit Ausnahme von vereinzelten photometrischen Messungen nach dem Verfahren von NIJLAND geschätzt, wobei die Innehaltung eines festen Stufenwertes besondere Beachtung fand. Zu diesem Zwecke wurden die Helligkeitsunterschiede zwischen dem Veränderlichen und den Vergleichssternen zunächst in Stufen bestimmt, wobei das Auge häufig durch die Beobachtung photometrisch gut bestimmter Helligkeitsskalen am Himmel geeicht wurde. Sodann wurden die Verhältnisse der Helligkeitsdifferenzen zwischen dem Veränderlichen und den verschiedenen Vergleichssternen im Sinne PICKERINGS geschätzt und in Einheiten der vorher ermittelten ARGELANDERschen Stufen niedergeschrieben. Dadurch wird der Vorteil des ARGELANDERschen Verfahrens, der im wesentlichen in der Möglichkeit der Aufstellung einer photometrisch sinnvollen Stufenskala der Vergleichsterne besteht, mit der größeren Genauigkeit der von PICKERING empfohlenen Schätzung der Verhältnisse der Helligkeitsdifferenzen verbunden. Ein geübtes Auge kann das Verhältnis verschiedener Helligkeitsintervalle wesentlich leichter auffassen als die quantitativen Intensitäten. So ist ein

---

[6]) Rech. Astr. de l'Obs. d'Utrecht VI (1916). — [7]) Astron. Nachr. **253**.109 (1934). — [8]) Himmelswelt **49**.26 (1939).

Verhältnis von 1 : 3 Helligkeits-Stufen zwischen dem Veränderlichen *v* und den Vergleichssternen *a* und *b* (z. B. *a* 1 *v* 3 *b*) recht gut von 1½ : 2½ (*a* 1½ *v* 2½ *b*) oder 1 : 3½ (*a* 1 *v* 3½ *b*) zu unterscheiden. Tritt bei der Beobachtung ein Zweifel auf, welchem Wert der Vorzug zu geben sei, so wird einfach der genäherte Mittelwert *a* 1 (+) *v* 3 (—) *b* bzw. *a* 1 *v* 3 (+) *b* hingeschrieben, wobei die Symbole (+) bzw. (—) mit 0.2 Stufen in Ansatz gebracht werden. Längere Prüfungen führen meistens zu Ermüdungen des Auges und bewirken eine zunehmende Unsicherheit im Schätzen. Erfahrungen an kurzperiodischen Bedeckungsveränderlichen haben indessen gezeigt, daß die angegebene Unterteilung des Stufenwertes durchaus noch berechtigt ist. Eine gewisse Schwierigkeit bereitet manchmal die starke Färbung der Veränderlichen, die den Sternen auch dann, wenn die Farbe infolge geringer Helligkeit nicht mehr zu erkennen ist, einen stechenden Glanz verleiht und damit ihren Vergleich mit weniger gefärbten Sternen stark erschwert. Zur Vermeidung des Stundenwinkelfehlers wurde der Kopf bei der Beobachtung so gehalten, daß das Bild im Okular stets mit der Aufsuchungskarte (Süden oben) übereinstimmte. Bei polnahen Sternen ließ sich das trotz Verwendung eines Umkehrprismas nicht immer ganz erreichen.

Die benutzten Vergleichsterne wurden, soweit sie nicht der Bonner Durchmusterung angehören, in die nach den Katalogen der BD gezeichneten Arbeitskarten (1^0 = 30 mm) nach Augenmaß eingetragen und ihre genäherten Örter (1855.0) daraus entnommen. Nur wenn infolge einer Zusammendrängung von schwächeren Sternen eine sichere Identifizierung gefährdet ist, wurden genauere Örter aus den Wolf-Palisa- bzw. Franklin-Adams-Karten bestimmt. Die Helligkeiten der Vergleichsterne wurden mit einem Graffschen Keilphotometer in verschiedenen Nächten mehrfach gemessen, an benachbarte Sterne aus den Harvard-Katalogen HA 50, 54, 70 und 74 angeschlossen und an der Polfolge überprüft. Für einige hellere Sterne konnten die Größen direkt den Harvard-Katalogen entnommen werden. Sämtliche Helligkeitsangaben beziehen sich somit auf das System der Harvard Photometry.

Die Wiedergabe der für die einzelnen Sterne erhaltenen Beobachtungen sowie der daraus abgeleiteten Ergebnisse erfolgt in der gleichen Weise wie bisher. Aus Gründen der Übersichtlichkeit sind die Veränderlichen diesmal in alphabetischer Reihenfolge gegeben.

Verzeichnis der beobachteten 70 unperiodischen Veränderlichen

Stern	S.	Stern	S.	Stern	S.	Stern	S.	Stern	S.	Stern	S.
UY And	5	SY Cam	16	RR Cyg	27	AO Del	38	6.1935 Leo	49	SVS 43 UMa	59
BL Aqr	6	Z CMa	18	AD Cyg	28	AT Del	38	7.1935 Leo	50	TZ Vir	60
TZ Aql	7	RW CVn	18	AH Cyg	29	S Dra	39	X Lyr	50	230.1932 Vir	61
MN Aql	8	TZ Cas	19	AI Cyg	30	TU Gem	39	SVS 59 Mon	51	BK Vir	62
MS Aql	9	WZ Cas	20	AZ Cyg	31	TV Gem	41	V 767 Oph	52	10.1935 Vir	62
NV Aql	9	CQ Cas	21	BC Cyg	32	TW Gem	42	EV Ori	53	11.1935 Vir	63
705.1933 Aql	10	SVS 344 Cas	22	BI Cyg	33	WY Gem	42	AZ Peg	54	12.1935 Vir	64
SU Aur	11	RX Cep	23	CO Cyg	34	AB Gem	44	AX Per	55	13.1935 Vir	64
UZ Aur	12	ST Cep	24	CY Cyg	35	AM Her	45	83.1933 Sge	55	30.1935 Vir	65
RX Boo	13	SY Cep	25	V 395 Cyg	36	AN Her	46	UZ Tau	56	AV Vul	66
UV Boo	14	VZ Cep	26	U Del	37	RY Lac	47	WZ Tau	57		
24.1935 Boo	15	8.1935 Com	26	ST Del	38	SY Leo	48	RZ UMa	58		

UY Andromedae

Die Veränderlichkeit des Sterns wurde im Jahre 1911 von Miss A. J. Cannon[9]) auf Draper Memorial-Platten der Harvard-Sternwarte mit Helligkeitsschwankungen von mehr als drei Größenklassen ($11^{m}0$ bis [$14^{m}0$) entdeckt. Nach visuellen Beobachtungen von M. Esch[10]) ist UY And ein Doppelstern, dessen hellere Komponente in den Jahren 1929—30 eine geringe Veränderlichkeit erkennen ließ. Von diesem Stern wurden hier zwischen 1933 Jan. 14 und 1939 März 31 die folgenden 105 Helligkeitsschätzungen erhalten.

Vergleichsterne

Bez.	BD-Nr. bzw. Ort 1855.0	photom. Gr.
UY And	+ 38° 525	var
a	+ 38° 518	$9^{m}96$
b	+ 38° 526	10.53
c	$2^h\,27^m\,25^s$ + 38° 40′	10.95

[9]) Astron. Nachr. **190**.167 (1911). — [10]) Gesch. u. Lit. Veränd. Sterne II, 1.14.

Beobachtungen

J.D. 242...	Gr.	J.D. 242...	Gr.	J.D. 242...	Gr.	J.D. 242...	Gr.	J.D. 242...	Gr.	J.D. 242...	Gr.
7087.26	$10^{m}15$	7180.34	$10^{m}68$	7505.29	$10^{m}68$	7841.38	$10^{m}58$	8424.50	$10^{m}73$	8905.30	$10^{m}75$
7094.29	10.35	7273.51	10.78	7512.30	10.73	7858.35	10.36	8429.42	10.71	8926.39	10.71
7095.42	10.39	7277.48	10.73	7530.36	10.68	7866.41	10.53	8484.42	10.43	8935.37	10.73
7097.39	10.34	7281.52	10.75	7531.37	10.63	7870.32	10.65	8506.32	10.61	8949.43	10.65
7120.31	10.55	7298.46	10.58	7543.34	10.68	7876.39	10.68	8518.48	10.58	8980.38	10.58
7123.43	10.71	7305.46	10.45	7655.49	10.75	8020.51	10.65	8542.32	10.78	9160.45	10.78
7124.29	10.68	7307.46	10.43	7658.51	10.63	8037.43	10.68	8578.39	10.68	9167.45	10.71
7131.31	10.63	7309.41	10.40	7669.42	10.63	8069.48	10.65	8601.35	10.48	9193.38	10.78
7132.39	10.75	7319.36	10.48	7684.40	10.53	8121.40	10.68	8624.32	10.63	9232.24	10.73
7133.30	10.75	7325.41	10.42	7687.54	10.65	8140.44	10.73	8750.49	10.48	9249.44	10.78
7137.31	10.78	7326.37	10.45	7695.35	10.41	8180.47	10.68	8765.49	10.43	9261.36	10.83
7144.33	10.78	7332.53	10.53	7696.43	10.43	8183.50	10.68	8777.54	10.63	9315.35	10.85
7145.33	10.85	7335.48	10.43	7709.36	10.38	8205.35	10.53	8784.56	10.65	9321.41	10.83
7152.38	10.73	7343.36	10.41	7710.39	10.37	8247.34	10.58	8790.32	10.63	9325.28	10.83
7153.37	10.73	7359.33	10.48	7715.35	10.36	8254.30	10.65	8817.55	10.43	9354.35	10.85
7154.29	10.71	7372.42	10.58	7728.40	10.37	8268.33	10.68	8840.49	10.41		
7157.36	10.68	7479.26	10.63	7755.30	10.75	8391.51	10.63	8854.65	10.48		
7176.36	10.78	7481.36	10.65	7840.49	10.58	8409.45	10.65	8866.25	10.53		

Der dem Veränderlichen BD + 38° 525 vorausgehende schwache Begleiter 12. Größe scheint nach 14 Beobachtungen zwischen 1932 August 26 und Dezember 30 unveränderlich zu sein. Der Hauptstern zeigt dagegen einen Lichtwechsel, der zumeist in lebhaften und sehr unregelmäßig aufgebauten Wellen zwischen den Grenzen $10^{m}1$ und $10^{m}9$ verläuft, zeitweilig aber in der Helligkeit $10^{m}65$ fast ganz zum Stillstand kommt. Die Amplituden der Einzelschwankungen mit Längen zwischen 70 und 140 Tagen übersteigen nur selten $0^{m}4$. Daneben schwankt auch die mittlere Helligkeit des Sterns im Betrage von etwa $0^{m}3$ in langgestreckten Wellen von 700 bis 1100 Tagen. Eine Periodizität des Lichtwechsels ist nicht vorhanden.

Maxima					Minima	
J.D. 242 7085	$10^{m}15$		J.D. 242 8223	$10^{m}48$	J.D. 242 7144	$10^{m}80$
7314	10.38	Doppel-	8480	10.41	8153	10.72
7348	10.40	Max.	8604	10.47	8430	10.72
7715	10.35		8759	10.39	8553	10.80
7855	10.35		8832	10.38	8785	10.64
					8918	10.74

In den Abschnitten J.D. 242 7479—7543, 8020—8140 und 9160—9354 konstante Helligkeit $10^{m}65$ oder sehr geringe Änderungen zwischen $10^{m}65$ und $10^{m}85$. Grenzen des Lichtwechsels: $10^{m}1$ und $10^{m}9$ (vis.); Spektrum: N3 (nach HA 79.3); unperiodisch. I, 23. F, a (μ Cep-Art); galaktische Breite: — 18°. Lichtkurve wie AD Cyg.

BL Aquarii

Der Lichtwechsel des Sterns BD — 2° 5485 wurde 1931 von C. Hoffmeister auf Sonneberger Platten entdeckt und in Astron. Nachr. **242.129** angezeigt. 50 Beobachtungen von N. Florja[11]) aus der Zeit 1931 Aug. 6 bis Dez. 11 ergaben Helligkeitsschwankungen zwischen $9^{m}5$ und $11^{m}5$ (Max. = J.D. 242 6634, Min. = 6603) und ließen einen langperiodischen Lichtwechsel mit einer Periode von etwa 85 Tagen vermuten. In der Zeit von 1932 Dez. 10 bis 1939 Sept. 12 wurden hier die folgenden 146 Beobachtungen erhalten.

Vergleichsterne

Bez.	BD-Nr. bzw. Ort 1855.0	photom. Gr.
BL Aqr	— 2° 5485	var
a	— 2° 5492	$9^{m}93$
s	— 2° 5487	10.42
t	$21^{h}\,7^{m}\,2^{s}$ — 2° 21.′9	10.50
r	21 6 50 — 2 38.9	11.41

Beobachtungen

J.D. 242...	Gr.	J.D. 242...	Gr.	J.D. 242...	Gr.	J.D. 242...	Gr.	J.D. 242...	Gr.	J.D. 242...	Gr.
7052.24	$10^{m}12$	7068.23	$10^{m}67$	7274.52	$10^{m}30$	7282.47	$10^{m}04$	7307.43	$10^{m}17$	7326.36	$10^{m}22$
7060.22	10.30	7072.22	10.87	7277.46	10.22	7295.45	10.27	7321.37	10.17	7332.51	10.17
7061.22	10.42	7261.47	10.30	7279.48	10.12	7298.41	10.17	7324.37	10.14	7333.40	10.20
7063.21	10.42	7262.49	10.22	7281.49	10.07	7305.49	10.20	7325.32	10.14	7335.46	10.24

[11]) NNVS 4.24 (1932).

J.D. 242...	Gr.	J.D. 242...	Gr.	J.D. 242...	Gr.	J.D. 242...	Gr.	J.D. 242...	Gr.	J.D. 242...	Gr.
7336.38	$10\overset{m}{.}24$	7664.44	$10\overset{m}{.}30$	7984.49	$10\overset{m}{.}02$	8321.52	$10\overset{m}{.}07$	8523.25	$10\overset{m}{.}72$	9169.42	$10\overset{m}{.}42$
7342.35	10.47	7669.43	10.54	8020.49	10.57	8328.52	10.22	8524.22	10.72	9186.27	10.27
7343.34	10.52	7681.44	10.82	8023.43	10.54	8336.50	10.76	8528.20	10.67	9191.37	10.27
7344.32	10.54	7684.33	10.77	8025.47	10.47	8389.52	10.58	8545.21	10.72	9192.35	10.27
7352.40	10.30	7687.48	10.82	8032.45	10.57	8391.46	10.48	8750.53	11.03	9193.32	10.24
7355.38	10.37	7689.46	10.77	8036.47	10.62	8396.52	10.58	8752.54	11.05	9223.22	10.86
7358.37	10.27	7691.39	10.82	8038.46	10.62	8405.41	10.50	8755.52	11.05	9230.25	11.08
7359.26	10.27	7694.40	10.70	8039.47	10.62	8407.55	10.47	8772.40	10.12	9245.21	11.11
7363.40	10.34	7695.37	10.77	8044.40	10.72	8409.53	10.60	8775.46	10.10	9249.23	11.13
7368.43	10.30	7706.36	10.42	8053.48	11.33	8420.38	11.19	8785.28	10.08	9250.20	11.03
7369.36	10.27	7708.38	10.24	8060.35	11.53	8421.37	11.14	8801.31	10.37	9251.23	11.02
7372.30	10.20	7709.32	10.27	8069.38	11.10	8423.40	11.16	8817.34	10.05	9413.53	10.32
7384.28	10.20	7710.35	10.17	8077.44	10.75	8427.43	11.17	8834.30	10.32	9420.49	10.24
7602.47	10.66	7715.28	10.07	8081.43	10.47	8429.43	11.20	8847.33	10.22	9428.51	10.32
7604.48	10.52	7717.37	10.07	8086.28	10.12	8435.46	11.29	8854.23	10.30	9436.49	10.52
7612.47	10.32	7724.28	9.97	8094.33	10.10	8450.43	11.20	8859.27	10.27	9491.42	10.77
7623.49	10.24	7736.26	10.27	8097.26	10.03	8453.30	11.16	9087.50	10.42	9519.37	10.18
7625.48	10.22	7739.32	10.27	8111.26	10.04	8462.31	10.86	9157.36	10.52		
7627.52	10.22	7740.29	10.27	8122.20	10.06	8474.37	10.87	9160.41	10.57		
7655.48	10.27	7755.24	10.32	8138.23	11.01	8505.24	10.69	9166.42	10.50		
7657.50	10.27	7962.51	10.62	8306.54	10.47	8506.30	10.74	9167.36	10.37		

Da der Stern infolge seiner südlichen Lage nur in den Monaten Juli bis Dezember überwacht werden konnte, gliedert sich die Beobachtungsreihe für 1932—1939 in acht Abschnitte, die übereinstimmend einen sehr lebhaften, aber ziemlich ungleichartigen Lichtwechsel erkennen lassen. Auch die mittlere Helligkeit des Sterns ist mit $0\overset{m}{.}3$ bis $0\overset{m}{.}6$ und Schwankungen von 480 bis 700 Tagen veränderlich. Die kürzeren Hauptwellen weisen Längen von 80 bis 125 Tagen auf. Sie sind meistens glatt geformt, wechseln aber in ihrer Gestalt von harmonischen Schwingungen bis zu den völlig unsymmetrischen und zum Teil aufgespaltenen Kurven der Mira-Sterne vom Typus γ. Im allgemeinen sind die Minima etwas spitzer und regelmäßiger geformt als die runden und zuweilen durch Aufspaltungen gestörten Maxima. In der folgenden Zusammenstellung der Hauptphasen des Lichtwechsels sind die durch Extrapolation bestimmten, unsicheren Epochen eingeklammert wiedergegeben.

Maxima		Minima		Maxima		Minima	
(J.D. 242 7040:	$10\overset{m}{.}0$)	(7078:	$11\overset{m}{.}12$)	J.D. 242 8400	$10\overset{m}{.}44$	(8359	—)
7285	10.00	—	—	(8528	10.70)	8438	11.30
7385:	10.20	7345	10.55	8780	10.06	8754	11.06
7630	10.22	(7593:	—)	8820	10.04	8801	10.38
7723	9.98	7687	10.81	9187	10.24	—	—
7984:	10.02	7748	10.36	9421	10.25	9240	11.20
8109	10.02	8059	11.55	(9515:	—)	(9472:	—)
8320	10.06	(8148:	11.45)				

Eine Gesetzmäßigkeit in der Aufeinanderfolge der Hauptschwankungen ist nicht nachzuweisen. In den Maxima scheinen zwar zwei Zyklen von etwa 100tägigen Wellen nebeneinander aufzutreten, die auch in den Minima angedeutet sind. Da jedoch die nach diesen Zyklen fälligen Phasen häufig ganz ausfallen und dann nicht einmal als schwache sekundäre Buckel angedeutet sind, ist BL Aqr zu den Unperiodischen vom Typus μ Cephei (I, 23. F, a) zu zählen. Grenzen des visuellen Lichtwechsels: $10\overset{m}{.}0$ und $11\overset{m}{.}6$; mittlere Amplitude der Hauptwellen: $1\overset{m}{.}0$; Spektrum: unbekannt; galaktische Breite: — 33^{0}. Lichtkurve wie RY Lac.

TZ Aquilae

Die Helligkeitsschwankungen des im Jahre 1910 von W. P. FLEMING[12]) auf Draper Memorial-Platten der Harvard-Sternwarte entdeckten Veränderlichen verlaufen nach B. P. GERASIMOVIČ[13]) unregelmäßig zwischen den visuellen Grenzen $8\overset{m}{.}5$ bis $9\overset{m}{.}5$. Da die Hauptphasen des Lichtwechsels in Abständen von 33 bis 140 Tagen aufeinander folgen und die mittlere Zwischenzeit etwa 91 Tage beträgt, dürfte die früher von E. ZINNER in Erg.-Heft z. d. Astron. Nachr. 4.3 vermutete Periodizität mit $P = 73^{d}$ nicht zutreffen. Die hier erhaltenen 15 Beobachtungen zwischen 1932 August 28 und 1939 Mai 29 liegen zeitlich zu weit auseinander, um die Eigenart des Lichtwechsels beurteilen zu können.

[12]) Astron. Nachr. 185.253 (1910). — [13]) Harv. Bull. 869.

Vergleichsterne

Bez.	BD-Nr.	photom. Gr.
TZ Aql	— 5° 5288	var
a	— 5° 5278	8.58
b	— 5° 5294	9.12

Beobachtungen

J.D. 242...	Gr.	J.D. 242...	Gr.	J.D. 242...	Gr.	J.D. 242...	Gr.
6948.35	8^{m}92	7687.43	8^{m}43	8072.36	8^{m}95	8770.44	8^{m}79
6980.35	8.91	7694.38	8.48	8306.54	8.72	9195.29	8.92
7604.52	8.46	7950.50	8.82	8408.42	8.80	9413.50	8.89
7661.47	8.48	8025.50	8.81	8423.38	8.82		

Hier beobachtete Grenzen des visuellen Lichtwechsels: 8^{m}4 bis 9^{m}0; Spektrum: M6 (HA 79.3); Art: wahrscheinlich μ Cephei (I, 23. F, a); galaktische Breite: —25°. Lichtkurve wie AD Cyg.

MN Aquilae

Die Veränderlichkeit wurde im Jahre 1932 von Miss D. Hoffleit auf Harvard-Platten entdeckt und in Harv. Bull. 887 angezeigt. Weitere Beobachtungen sind bislang nicht bekannt geworden. Innerhalb des Zeitabschnitts 1934 Juni 1 bis 1939 Aug. 17 wurden hier die folgenden 64 Helligkeitsschätzungen erhalten.

Vergleichsterne

Bez.	Ort 1855.0	photom. Gr.
MN Aql	19^{h} 33^{m} 41^{s} + 11° 24'.6	var
r	19 33 31 + 11 17.5	11^{m}08
s	19 33 52 + 11 26.8	11.70

Beobachtungen

J.D. 242...	Gr.	J.D. 242...	Gr.	J.D. 242...	Gr.	J.D. 242...	Gr.	J.D. 242...	Gr.	J.D. 242...	Gr.
7590.50	11^{m}18	7717.41	11^{m}25	8037.37	11^{m}45	8305.52	11^{m}39	8798.41	11^{m}20	9195.38	11^{m}75
7591.49	11.30	7725.25	11.33	8044.38	11.39	8337.52	11.34	8817.37	11.34	9223.29	11.70
7601.47	11.40	7736.28	11.35	8055.47	11.37	8389.48	11.28	8853.25	11.23	9230.23	11.65
7606.46	11.31	7740.27	11.35	8069.33	10.96	8408.42	11.29	8998.54	11.13	9243.22	11.60
7627.48	11.17	7755.23	11.34	8072.36	11.03	8423.37	11.27	9022.53	11.19	9249.22	11.62
7658.47	10.83	7927.49	11.29	8083.35	11.08	8450.40	10.98	9045.49	11.44	9365.55	11.32
7685.44	11.27	7948.47	11.51	8094.37	11.20	8522.23	11.22	9057.49	11.56	9412.47	11.41
7694.37	11.36	7951.48	11.41	8111.28	11.35	8678.45	11.52	9087.45	11.82	9430.52	11.31
7706.34	11.27	8020.44	11.49	8249.61	11.47	8694.50	11.35	9160.37	11.26	9493.42	11.75
7709.40	11.27	8025.55	11.57	8272.55	11.29	8751.53	11.23	9167.40	11.32		
7715.33	11.29	8032.46	11.51	8280.55	11.32	8770.43	11.14	9192.29	11.78		

Die Lichtkurve besteht aus einer Folge von ziemlich glatten, aber verschieden hohen Wellen mit Längen zwischen 60 und 150 Tagen, wobei Werte zwischen 85 und 115 Tagen deutlich bevorzugt werden. In Abständen von etwa 420 Tagen werden besonders hohe bzw. tiefe Maxima und Minima gebildet. Im übrigen wechseln die Amplituden der Einzelwellen völlig regellos zwischen 0^{m}1 und 0^{m}7 mit einem Mittelwert von 0^{m}4. Auch die mittlere Helligkeit des Sterns scheint sehr langsamen und unregelmäßigen Änderungen unterworfen zu sein. Innerhalb des Beobachtungsabschnitts 1934—1939 nahm sie von 11^{m}1 auf 11^{m}6 ab. Irgendwelche Gesetzmäßigkeiten des Lichtwechsels sind nicht festzustellen.

Maxima			Minima			Maxima			Minima		
J.D. 242 7652	10^{m}76	spitz	7609	11^{m}36	rund	J.D. 242 8778	11^{m}12	flach	8743	11^{m}25	sek. Min.
(7716	11.26)	sek. Max.	7695	11.34	rund	—	—		8826	11.36	rund
8074	10.97	spitz	8000:	11.57	sehr flach	9006	11.10	rund	—	—	
(8272	11.29)	sek. Max.	—	—		9153	11.23	rund	9093	11.83	rund
(8375:	11.28:)	sek. Max.	(8305	11.39)	sek. Min.	9239	11.46	spitz	9208	11.84	rund
8466	10.90	rund	(8412:	11.30:)	sek. Min.	9434	11.30	rund	9395	11.46	flach
(8716:	11.18:)	sek. Max.	—	—							

MN Aql gehört zu den unperiodischen roten Veränderlichen vom Typ μ Cephei (I, 23. F, a). Amplitude des visuellen Lichtwechsels: 0^{m}1 bis 0^{m}7; beobachtete visuelle Helligkeitsgrenzen: 10^{m}75 und 11^{m}9; Spektrum: unbekannt; Farbe rot; galaktische Breite: — 7°. Lichtkurve wie CQ Cas.

MS Aquilae

Über den im Jahre 1928 von F. BUSER entdeckten und in Astron. Nachr. **235**.85 angezeigten Veränderlichen sind bislang nur einige photometrische Beobachtungen des Entdeckers bekannt geworden, die auf einen unperiodischen Lichtwechsel zwischen den visuellen Grenzen 9^m2 und 9^m7 schließen lassen[14]). Zwischen 1934 Juni 2 und 1939 Aug. 17 wurden hier die folgenden 66 Helligkeitsschätzungen erhalten.

Vergleichsterne

Bez.	BD-Nr. bzw. Ort 1855.0	photom. Gr.
MS Aql	$19^h 34^m 18^s + 11^0 28'.8$	var
a	$+ 11^0$ 3951	9^m46
b	$+ 11^0$ 3953	9.79
c	$+ 11^0$ 3952	10.38

Beobachtungen

J.D. 242...	Gr.	J.D. 242...	Gr.	J.D. 242...	Gr.	J.D. 242...	Gr.	J.D. 242...	Gr.	J.D. 242...	Gr.
7591.48	9^m70	7715.32	9^m81	8025.55	9^m79	8280.56	9^m97	8751.53	9^m79	9167.40	9^m93
7601.47	9.71	7717.40	9.97	8032.46	9.68	8305.52	9.89	8770.43	9.79	9192.29	9.91
7606.46	9.68	7725.25	10.04	8037.37	9.84	8337.52	9.96	8798.40	9.79	9195.38	9.90
7627.47	9.79	7736.28	9.96	8044.38	9.84	8389.48	9.95	8817.37	9.96	9223.29	9.94
7658.47	9.70	7740.27	9.94	8055.47	9.99	8408.42	9.88	8853.24	10.11	9230.23	9.91
7677.43	9.70	7755.23	9.99	8069.33	9.95	8423.37	9.87	8998.54	9.89	9243.22	9.93
7685.44	9.61	7927.49	9.90	8083.34	9.98	8428.51	9.89	9022.54	9.79	9249.22	9.93
7688.50	9.74	7948.47	9.79	8094.37	9.94	8450.40	9.89	9045.49	9.91	9365.53	9.90
7694.37	9.73	7951.49	9.79	8111.28	10.03	8522.23	10.02	9057.48	9.94	9412.47	9.79
7706.34	9.72	7986.49	10.01	8249.61	9.89	8678.45	9.99	9087.45	9.88	9430.52	9.89
7709.39	9.75	8020.44	9.84	8272.55	9.65	8694.50	9.84	9160.38	9.94	9493.42	9.79

Die Beobachtungen ergeben völlig regellose Helligkeitsänderungen zwischen den visuellen Grenzen 9^m6 und 10^m1, die zumeist in verschieden geformten Wellen, zeitweilig aber auch in stufenartigen Sprüngen erfolgen. Die Zwischenzeiten der Extrema liegen zwischen 80 und 250 Tagen. Schwankungen der mittleren Helligkeit sind nicht nachzuweisen.

Maxima			Minima			Maxima			Minima		
J.D. 242 7603	9^m68	s. langgestr.	7634	9^m80	sek. Min.	8426	9^m86	flach	8364:	10^m0:	s. flach
7692	9.65	Doppel-Max.	7728	10.05	spitz	8705—8800		konstantes Licht		9.79	
7950	9.79	rund	—	—		8991	9.68	flach	8873:	10.14	s. flach
8032	9.72	spitz	7996	10.05	rund	9080—9250		konstantes Licht		9.92	
8055—8110		konstantes Licht		9.98		9392:	9.65:	rund?	9458:	9.95:	flach?
8264	9.60	spitz									

MS Aql gehört zu den Unperiodischen vom Typ μ Cephei (I, 23. F, a); beobachtete Grenzen des visuellen Lichtwechsels: 9^m6 und 10^m15; Spektrum: unbekannt; galaktische Breite: -7^0. Lichtkurve wie CO Cyg.

NV Aquilae

Der Lichtwechsel dieses roten Sterns wurde 1932 von Miss D. HOFFLEIT auf Harvard-Platten erkannt und in Harv. Bull. 887 (1932) angezeigt. Die verfügbaren Platten ließen auf unregelmäßige Helligkeitsänderungen zwischen den photographischen Grenzen 11^m9 und 13^m2 schließen. Weitere 17 photographische Beobachtungen von E. ZINNER zwischen 1929 Sept. 28 und 1937 Aug. 7 ergaben eine etwas kleinere Amplitude (12^m2 bis 13^m0). Nach ZINNER war der Stern nur J.D. 242 6546 hell, sonst stets schwach[15]). Im folgenden sind die hier gewonnenen 140 Beobachtungen aus der Zeit 1932 Dez. 10 bis 1939 Sept. 12 mitgeteilt.

Vergleichsterne

Bez.	Ort 1855.0	photom. Gr.
NV Aql	$19^h 39^m 46^s + 13^0 29'.9$	var
p	19 39 52 + 13 35	10^m69
o	19 39 44 + 13 34	10.91
w	19 39 31 + 13 27	11.35

Beobachtungen

J.D. 242...	Gr.	J.D. 242...	Gr.	J.D. 242...	Gr.	J.D. 242...	Gr.	J.D. 242...	Gr.	J.D. 242...	Gr.
7052.21	10^m91	7187.52	10^m76	7274.42	10^m69	7305.42	10^m91	7333.34	11^m19	7355.27	11^m26
7055.22	10.9:	7189.55	10.82	7277.52	10.77	7320.35	10.99	7335.32	11.10	7358.30	11.25
7060.21	10.71	7195.49	10.86	7279.51	10.78	7321.44	11.06	7340.32	11.20	7359.26	11.25
7063.20	10.66	7214.45	11.26	7281.48	10.87	7324.33	11.16	7342.29	11.19	7363.40	11.24
7068.20	10.78	7260.46	10.59	7295.40	10.84	7325.36	11.19	7343.41	11.24	7372.25	11.27
7072.22	10.79:	7273.46	10.63	7297.47	10.91	7326.37	11.21	7352.31	11.25	7384.24	11.10

[14]) Astron. Nachr. **235**.85; **244**.15; **251**.16 u. **252**.195. — [15]) Astron. Nachr. **265**.346 (1938).

J.D. 242...	Gr.	J.D. 242...	Gr.	J.D. 242...	Gr.	J.D. 242...	Gr.	J.D. 242...	Gr.	J.D. 242...	Gr.
7399.23	11^m13	7677.38	10^m54	7927.50	11^m55	8099.30	11^m50	8422.45	11^m40	9022.54	11^m17
7535.58	11.45	7684.46	10.51	7928.46	11.55	8107.31	11.60	8450.39	11.15	9045.48	11.20
7564.50	11.23	7685.39	10.57	7932.53	11.60	8111.27	11.55	8462.34	11.35	9057.48	11.15
7567.52	11.25	7689.44	10.57	7948.46	11.60	8122.32	11.57	8506.26	11.25	9087.44	11.13
7574.45	11.23	7694.36	10.47	7951.47	11.63	8138.25	11.17	8622.60	11.45	9155.36	11.25
7575.50	11.25	7695.42	10.57	7963.45	11.53	8247.65	11.47	8635.55	11.20	9167.39	11.05
7578.50	11.25	7706.32	10.97	7975.44	11.67	8268.53	11.40	8678.45	11.20	9192.29	10.71
7588.48	11.20	7708.33	11.02	7984.44	11.60	8272.53	11.23	8694.50	11.30	9195.37	10.74
7591.46	11.25	7709.38	11.12	7986.47	11.20	8280.56	11.27	8751.51	10.39	9223.28	11.10
7599.50	11.23	7715.31	11.23	8020.42	10.81	8303.51	11.23	8756.52	10.59	9249.21	11.13
7600.47	11.23	7717.42	11.25	8025.45	10.91	8305.52	11.27	8770.39	10.74	9410.47	10.99
7602.45	11.25	7724.27	11.50	8032.45	10.80	8328.51	11.22	8772.38	10.80	9412.46	11.15
7606.45	11.33	7736.22	11.70	8037.37	10.57	8337.51	11.17	8787.40	10.85	9430.52	11.19
7612.45	11.45	7755.21	11.45	8044.36	10.84	8389.46	11.17	8798.39	10.89	9519.42	11.35
7625.45	11.35	7765.23	11.35	8055.46	10.91	8405.39	11.43	8801.38	10.91		
7655.46	10.94	7899.57	11.16	8068.32	11.07	8408.40	11.50	8807.34	10.96		
7658.45	10.60	7919.51	11.47	8081.40	11.22	8409.52	11.47	8817.36	11.01		
7669.42	10.59	7926.52	11.55	8094.34	11.40	8419.32	11.50	8998.55	11.09		

Die Beobachtungen ergeben Helligkeitsänderungen zwischen den visuellen Grenzen 10^m4 und 11^m7, die sich in sehr unregelmäßig geformten Wellen von etwa 100 Tagen mit Amplituden von 0^m1 bis 1^m2 (im Mittel: 0^m6) vollziehen. Zahlreiche kurze sekundäre Wellen und Höcker von zum Teil recht beträchtlichen Ausmaßen verunstalten den an sich schon sehr ungleichen Aufbau der Einzelwellen und verursachen damit auch erhebliche Verschiebungen der Maxima und Minima. So schwanken die Zwischenzeiten der aufeinander folgenden Hauptphasen von 70 bis zu 163 Tagen. Trotzdem scheint aber der Lichtwechsel nicht völlig regellos zu verlaufen. Legt man die Elemente: Max. = J.D. 242 7062 + $106^d5 \cdot E$; $M - m = 51^d$ zugrunde, so werden die beobachteten Phasenepochen mit den in den Spalten B—R wiedergegebenen Abweichungen dargestellt. Diese Werte betragen bei den weniger gestörten Maxima im Mittel $\pm 10^d$ oder 9% der Periode, erreichen aber in Einzelfällen mit $+ 28^d$ bzw. $- 24^d$ fast den dreifachen Betrag. Bei den Minima ist dagegen die Darstellung mit mittleren Abweichungen von $\pm 19^d$ (18% der Periode) und Einzelwerten von $+ 40^d$ und $- 33^d$ völlig unbefriedigend. Dennoch scheint die mittlere Länge der Zyklen mit 106^d5 stets erhalten zu bleiben. Eine Periodizität im üblichen Sinne liegt nicht vor.

	Maxima				Minima			
E	J.D. 242...	Gr.	B—R		J.D. 242...	Gr.	B—R	
0	7065	10^m70	$+ 3^d$	spitz	—	—	—	
2	7265	10.58	−10	spitz	7227	11^m4	$+ 3^d$	spitz
3	—	—	—		7360	11.25	+29	flach
5	7588:	11.20	− 6:	unentwickelt	—	—	—	
6	7686	10.50	−15	rund	7617	11.45	−33	spitz
7	—	—	—		7738	11.68	−18	spitz
9	8038	10.74	+17	rund	7953	11.65	−16	rund
10	—	—	—		8116	11.60	+40	rund
12	8368	11.0	+28	flach	—	—	—	
13	8445	11.10	− 1	rund	8414	11.52	+18	spitz
14	—	—	—		8484:	—	−18:	rund
15	8658:	11.0	− 1:	rund	—	—	—	
16	8742:	10.4	−24:	rund	8694	11.31	−21	rund
19	9093	11.10	+ 7	unentwickelt	9043	11.20	+ 8	sehr flach
20	9193	10.73	+ 1	rund	9143	11.32	+ 2	flach

Außerdem sind noch langsame und regellos verlaufende Schwankungen der mittleren Helligkeit (mit rund 900? Tagen) zwischen den Grenzen 10^m8 und 11^m3 vorhanden.

NV Aql dürfte somit in die Gruppe der Unperiodischen vom Typ μ Cephei (I, 23. F, a) einzureihen sein; mittlere Länge der Zyklen: 106^d5; beobachtete Grenzen des visuellen Lichtwechsels: 10^m4 und 11^m7; mittlere visuelle Amplitude: 0^m6; Spektrum: unbekannt; Farbenindex: $+ 1^m5$; galaktische Breite: $- 7^0$. Lichtkurve wie CO Cas.

705.1933 Aquilae

Die Veränderlichkeit wurde im Jahre 1933 von O. Morgenroth auf Sonneberger Platten entdeckt und in Astron. Nachr. 251.17 (1934) angezeigt. Weitere Beobachtungen sind bisher nicht bekannt geworden. In der Zeit von 1934 Juni 2 bis 1939 Sept. 12 wurden die folgenden 128 Helligkeitsschätzungen erhalten.

Vergleichsterne

Bez.	BD-Nr. bzw. Ort 1855.0	photom. Gr.
705.1933 Aql	$+ 15^0$ 3937	var
g	$+ 15^0$ 3938	10^m03
c	$+ 15^0$ 3939	10.39
a	$19^h 39^m 51^s + 15^0 40'.3$	10.81

Beobachtungen

J.D. 242...	Gr.	J.D. 242...	Gr.	J.D. 242...	Gr.	J.D. 242...	Gr.	J.D. 242...	Gr.	J.D. 242...	Gr.
7588.49	10^{m}6:	7739.32	10^{m}23	8032.45	10^{m}60	8389.43	10^{m}29	8718.53	10^{m}47	9166.37	10^{m}31
7591.46	10.76	7755.22	10.61	8037.38	10.50	8403.46	10.50	8750.52	10.41	9167.39	10.45
7602.45	10.72	7765.24	10.62	8044.36	10.51	8408.40	10.47	8751.52	10.39	9175.37	10.44
7606.45	10.62	7891.61	10.60	8055.46	10.39	8409.53	10.47	8770.39	10.44	9192.28	10.39
7617.44	10.15	7899.57	10.55	8060.39	10.34	8419.33	10.48	8772.38	10.44	9195.38	10.39
7625.45	10.24	7907.54	10.51	8068.32	10.50	8422.45	10.51	8785.39	10.47	9223.27	10.26
7655.46	10.27	7919.51	10.29	8072.35	10.48	8423.37	10.54	8797.32	10.39	9230.23	10.41
7658.45	10.39	7926.52	10.22	8081.40	10.48	8424.44	10.53	8798.39	10.41	9243.22	10.48
7677.38	10.56	7927.48	10.19	8094.34	10.53	8427.40	10.53	8807.34	10.44	9249.21	10.46
7684.46	10.49	7928.47	10.22	8107.31	10.26	8435.43	10.51	8817.36	10.44	9342.60	10.47
7685.38	10.48	7932.53	10.24	8111.27	10.28	8443.41	10.39	8819.33	10.44	9364.56	10.39
7687.48	10.24	7948.42	10.48	8122.31	10.50	8450.39	10.39	8827.26	10.48	9372.57	10.44
7688.48	10.18	7951.47	10.55	8247.65	10.44	8462.33	10.31	8834.25	10.44	9407.54	10.39
7694.36	10.13	7960.50	10.53	8268.53	10.55	8505.25	10.31	8859.25	10.44	9410.46	10.39
7695.42	10.19	7962.53	10.53	8272.54	10.56	8522.22	10.54	9010.51	10.52	9412.46	10.39
7706.34	10.30	7963.45	10.51	8280.56	10.55	8524.21	10.52	9020.50	10.49	9425.51	10.45
7708.33	10.54	7975.44	10.50	8303.51	10.48	8622.60	10.39	9022.54	10.44	9430.52	10.52
7709.38	10.54	7984.44	10.51	8305.52	10.45	8635.55	10.39	9045.48	10.44	9437.48	10.57
7715.31	10.56	7986.48	10.46	8316.48	10.52	8654.52	10.48	9054.47	10.44	9519.41	10.39
7717.42	10.57	8020.43	10.34	8333.51	10.57	8676.48	10.39	9087.44	10.34		
7724.27	10.39	8023.54	10.44	8336.50	10.58	8678.46	10.29	9155.36	10.39		
7736.25	10.29	8025.46	10.45	8337.51	10.57	8694.50	10.44	9160.38	10.35		

Die Lichtkurve verläuft in kurzen Wellen von sehr verschiedener Form und Höhe zwischen den Grenzen 10^{m}1 und 10^{m}8. Die Zwischenzeiten der aufeinanderfolgenden Maxima und Minima liegen zwischen 35 und 55 Tagen. Zeitweilig sinkt die Amplitude des Lichtwechsels bis auf 0^{m}1, so daß der Lichtwechsel fast zum Stillstand kommt. Vielleicht schwankt auch die mittlere Helligkeit kaum merklich mit etwa 0^{m}1 in rund 750 Tagen.

	Maxima		Minima			Maxima		Minima	
J.D. 242	7620	10^{m}15	7594	10^{m}82	J.D. 242	8059	10^{m}35	8036	10^{m}56
	7654	10.30	7639	10.47		8109	10.25	8084	10.54
	7696	10.13	7674	10.59		—	—	8428	10.53
	7735	10.20	7716	10.57		9216	10.24	—	—
	—	—	7761	10.67		—	—	9244	10.48
	7928	10.20	7892	10.60		9358	10.36	—	—
	8010	10.22	—	—		9413	10.38	9388	10.52

Grenzen des beobachteten visuellen Lichtwechsels: 10^{m}1 und 10^{m}8; visuelle Amplitude: 0^{m}1 bis 0^{m}7; Spektrum: unbekannt; Farbenindex: + 3^{m}0; galaktische Breite: — 6°; μ Cephei-Art (I, 23. F, a). Lichtkurve wie AD Cyg.

SU Aurigae

Der im Jahre 1907 von Miss LEAVITT[16]) auf Harvard-Platten mit photographischen Helligkeitsschwankungen zwischen 8^{m}6 und 9^{m}6 entdeckte Veränderliche soll nach Beobachtungen von L. PRAČKA[17]) aus den Jahren 1907—1912 einen δ Cephei-Lichtwechsel mit den Elementen Max. = J.D. 241 7973.734 + 0^{d}470143 · E; $M - m$ = 0^{d}225 aufweisen. Spätere Beobachtungen von K. GRAFF[18]), B. ŠTERNBERK[19]) und dem Verfasser haben im Widerspruch zu L. PRAČKA völlig regellose, rasch verlaufende Helligkeitsänderungen ergeben.

Vergleichsterne

Bez.	BD-Nr. bzw. Ort 1855.0	angen. Gr.
SU Aur	+ 30° 743	var
m	+ 30° 744	9^{m}35
n	+ 29° 760	9.77
o	4^h 47^m 42^s + 30° 13'.1	10.32

Die „angen. Gr." sind den von K. GRAFF gemessenen photometrischen Helligkeiten angeglichen.

Beobachtungen

J.D. 242...	Gr.	J.D. 242...	Gr.	J.D. 242...	Gr.	J.D. 242...	Gr.	J.D. 242...	Gr.	J.D. 242...	Gr.
3758.408	9^{m}52	3788.426	10^{m}01	3797.421	10^{m}12	3809.217	9^{m}61	3825.387	10^{m}04	3850.392	9^{m}82
3761.508	9.98	3792.306	9.60	3799.340	9.77	3813.224	10.01	3830.243	9.77:	3853.326	10.02
3764.317	9.52	3794.388	9.50	3799.424	9.77	3813.459	9.95	3830.363	9.77	3854.310	9.94
3765.352	9.77	3794.453	9.60	3800.260	9.60	3817.249	10.08	3830.461	9.95	3854.370	9.92
3775.411	9.99	3795.254	9.43	3800.405	9.65	3822.415	10.01	3835.267	9.56	3855.322	9.60
3779.320	9.91	3796.251	9.77	3800.474	9.56	3823.322	9.66	3842.433	10.04	3856.326	9.65
3780.459	10.09	3796.297	9.70	3808.251	9.63	3824.240	9.98	3844.292	9.77	3857.344	9.54
3782.221	9.99	3796.433	9.97	3808.322	9.58	3824.394	10.11	3847.388	9.45	3859.322	9.47
3786.259	10.15	3796.522	10.02	3808.451	9.62	3824.505	10.11	3850.274	9.63	3862.312	9.63

[16]) Astron. Nachr. **175**.335 (1907). — [17]) Bull. Acad. Prag (1912). — [18]) Beob.-Zirk. **6**.29. — [19]) Prag Publ. II, 7.20.

J D. 242...	Gr.	J.D. 242...	Gr.	J.D. 242...	Gr.	J.D. 242...	Gr.	J.D. 242...	Gr.	J.D. 242...	Gr.
3862.408	$9^{m}72$	4047.465	$9^{m}51$	4096.433	$9^{m}58$	4156.321	$9^{m}63$	4206.401	$9^{m}67$	4246.338	$9^{m}35$
3863.339	9.61	4051.395	9.67	4099.371	9.63	4157.269	9.64	4209.358	9.49	4247.327	9.56
3874.340	9.92	4054.494	9.56	4104.350	9.63	4160.247	9.67	4213.358	9.56	4248.326	9.63
3878.347	9.95	4058.497	9.54	4105.307	9.60	4164.266	9.60	4221.277	9.77	4250.333	9.35
3880.321	10.04	4059.391	9.45	4106.403	9.88	4166.454	9.49	4222.297	9.64	4252.344	9.49
3881.324	10.10	4063.449	9.45	4114.437	9.53	4171.285	9.60	4225.299	9.61	4254.335	9.49
3883.328	9.99	4065.499	9.56	4115.343	9.67	4173.328	9.61	4228.393	9.63	4255.366	9.58
3886.327	9.67	4082.510	9.52	4116.335	9.60	4185.259	9.77	4231.312	9.83	4260.342	9.59
3887.356	9.67	4083.392	9.47	4142.382	9.63	4186.264	9.77	4232.371	9.56	4261.345	9.63
3899.351	9.51	4093.435	9.69	4143.381	9.77	4195.275	9.49	4233.329	9.51	8072.397	9.56
4041.517	9.35	4094.331	9.63	4145.453	9.77	4198.279	9.59	4235.378	9.51		
4043.491	9.56	4094.485	9.63	4148.442	9.86	4204.254	9.58	4244.359	9.56		

In der Zeit 1923 Dez. 4 bis 1935 Sept. 26 wurden hier die vorstehenden 124 Beobachtungen erhalten, die sich im wesentlichen auf die beiden kurzen Abschnitte 1923 Dez. 4 bis 1924 April 23 und 1924 Sept. 12 bis 1925 April 20 zusammendrängen. Im ersten Abschnitt wechselt die Helligkeit des Sterns sehr rasch, unregelmäßig und sprunghaft innerhalb der visuellen Grenzen $9^{m}45$ und $10^{m}15$, wobei im Verlaufe von 5 Stunden Änderungen von $0^{m}3$ und von einem zum anderen Abend von $0^{m}6$ beobachtet wurden. Im folgenden Abschnitt 1924—25 ist neben einem etwas geringeren Flackern des Lichts im Umfange von etwa $0^{m}5$ ein langsames Schwanken der mittleren Helligkeit zwischen $9^{m}5$ und $9^{m}7$ ausgeprägt mit den Maxima J.D. 242 4045 ($9^{m}5$), 4251 ($9^{m}5$) und dem Minimum 4141 ($9^{m}7$). SU Aur gehört danach zu den seltenen und interessanten gelben Unperiodischen vom Typus RW Aurigae (I, 22. G, a); beobachtete Grenzen des visuellen Lichtwechsels: $9^{m}35$ und $10^{m}15$; Spektrum: G 2; galaktische Breite: — 6^{0}.

UZ Aurigae

Die bisherigen Ergebnisse der Beobachtung dieses seit 1908 bekannten Veränderlichen weichen sehr erheblich voneinander ab. Während S. Enebo[20]), E. Zinner[21]), A. A. Nijland[22]) und H. Schneller[23]) den Stern für unregelmäßig hielten, glaubte L. Prelowskaja[24]) aus 120 Beobachtungen von Zessewitsch und Lange einen RV Tauri-Lichtwechsel mit einer mittleren Amplitude von $1^{m}55$ ableiten zu können. Neuere photometrische Messungen von L. Detre[25]) deuten dagegen einen zyklischen Lichtwechsel nach Art von AF Cygni mit Wellen zwischen 36 und 63 Tagen an, wobei immer Vielfache von 9^{d} aufzutreten scheinen. Im folgenden sind die hier erhaltenen 286 Helligkeitsschätzungen aus der Zeit 1927 Sept. 1 bis 1939 April 10 mitgeteilt.

Vergleichsterne

Bez.	BD-Nr.	photom. Gr.
UZ Aur	+ 39° 1225	var
a	+ 39 1219	$8^{m}20$
b	+ 39 1224	8.69
c	+ 39 1232	8.96
f	+ 39 1215	9.10
g	+ 39 1220	9.23

Beobachtungen

J.D. 242...	Gr.	J.D. 242...	Gr.	J.D. 242...	Gr.	J.D. 242...	Gr.	J.D. 242...	Gr.	J.D. 242...	Gr.
5125.46	$8^{m}56$	5229.33	$8^{m}49$	5325.32	$8^{m}74$	5524.29	$8^{m}69$	5644.27	$8^{m}64$	5964.25	$8^{m}59$
5126.41	8.49	5231.33	8.53	5326.33	8.75	5525.31	8.69	5646.28	8.63	5984.37	8.59
5128.51	8.53	5235.26	8.53	5329.35	8.74	5530.38	8.69	5647.30	8.60	6025.35	8.69
5130.45	8.49	5242.25	8.53	5331.35	8.69	5533.33	8.64	5649.47	8.74	6026.31	8.67
5147.49	8.61	5243.30	8.64	5343.31	8.77	5535.50	8.64	5650.28	8.69	6038.29	8.69
5148.42	8.38	5247.26	8.72	5469.50	8.78	5554.47	8.69	5651.32	8.69	6213.53	8.69
5149.48	8.40	5248.24	8.76	5478.51	8.69	5560.40	8.74	5652.44	8.69	6215.42	8.57
5150.41	8.47	5254.48	8.76	5484.44	8.69	5561.36	8.74	5654.45	8.69	6217.43	8.59
5152.50	8.49	5257.28	8.80	5486.44	8.64	5574.51	8.69	5662.33	8.69	6219.45	8.59
5153.40	8.44	5265.41	8.80	5491.44	8.62	5581.30	8.69	5663.30	8.65	6246.42	8.57
5154.43	8.38	5273.30	8.69	5494.46	8.55	5589.43	8.64	5670.31	8.69	6263.39	8.64
5161.43	8.38	5273.47	8.64	5495.40	8.59	5591.29	8.59	5671.34	8.74	6264.40	8.69
5162.38	8.40	5279.34	8.61	5496.47	8.61	5608.29	8.59	5686.31	8.74	6275.41	8.64
5163.39	8.38	5286.32	8.60	5497.42	8.59	5612.36	8.61	5687.33	8.79	6281.39	8.57
5174.38	8.40	5301.31	8.53	5500.46	8.59	5617.27	8.57	5698.33	8.85	6299.32	8.51
5183.40	8.49	5302.28	8.69	5502.47	8.61	5620.28	8.59	5699.33	8.87	6367.24	8.57
5184.37	8.69:	5305.28	8.69	5503.40	8.61	5621.25	8.54	5883.43	8.54	6584.53	8.59
5200.42	8.44	5307.34	8.64	5504.37	8.59	5625.27	8.64	5900.45	8.56	6609.39	8.57
5203.31	8.43	5308.32	8.69	5506.47	8.64	5626.27	8.59	5922.32	8.55	6947.54	8.51
5204.36	8.49	5319.34	8.66	5507.41	8.57	5628.24	8.61	5928.39	8.57	6948.53	8.51
5205.24	8.51	5320.35	8.69	5508.48	8.64	5640.42	8.59	5936.37	8.58	6956.46	8.59
5210.37	8.47	5321.37	8.69	5511.46	8.64	5641.38	8.59	5939.32	8.59	6960.47	8.64
5219.24	8.40	5322.35	8.69	5512.47	8.64	5643.40	8.61	5963.35	8.61	6967.46	8.64

[20]) Enebo **9**.15. — [21]) Erg.-Heft z. d. Astron. Nachr. **4**.C, Nr. 67. — [22]) Astron. Nachr. **221**.214 (1924). — [23]) Gesch. u. Lit. Veränd. Sterne II, 1.111. — [24]) Beob.-Zirk. **8**.69 (1926). — [25]) Astron. Nachr. **254**.17 (1934).

J.D. 242...	Gr.	J.D. 242...	Gr.	J.D. 242...	Gr.	J.D. 242...	Gr.	J.D. 242...	Gr.	J.D. 242...	Gr.
6972.51	8^m64	7087.43	8^m69	7342.46	8^m54	7728.49	8^m64	8121.43	8^m74	8654.37	8^m62
6976.43	8.54	7093.58	8.64	7348.54	8.59	7743.42	8.69	8140.39	8.81	8758.52	8.82
6978.47	8.51	7095.44	8.69	7358.35	8.61	7755.42	8.79	8180.45	8.81	8777.52	8.57
6979.51	8.49	7097.43	8.61	7359.47	8.64	7765.41	8.77	8183.27	8.79	8784.56	8.75
6984.46	8.44	7124.44	8.84	7372.33	8.51	7840.55	8.49	8187.53	8.81	8798.46	8.59
6985.41	8.49	7132.39	8.89	7384.41	8.57	7841.42	8.69	8204.43	8.79	8807.46	8.69
6986.54	8.54	7133.48	8.84	7483.44	8.69	7843.41	8.64	8237.33	8.87	8816.55	8.78
7030.25	8.47	7137.34	8.89	7506.41	8.84	7858.39	8.54	8247.36	8.84	8840.53	8.80
7034.32	8.57	7144.37	8.84	7512.37	8.79	7866.42	8.77	8254.33	8.64	8854.55	8.64
7040.37	8.54	7145.37	8.91	7513.42	8.84	7867.42	8.77	8267.37	8.90	8905.32	8.83
7041.28	8.57	7152.42	8.79	7530.46	8.77	7870.40	8.81	8282.37	8.83	8938.35	8.64
7042.31	8.59	7153.36	8.81	7533.35	8.77	7876.38	8.69	8291.39	8.79	8980.37	8.93
7043.27	8.59	7157.46	8.69	7535.40	8.81	7906.38	8.84	8408.54	8.78	8998.36	8.77
7052.40	8.74	7163.38	8.81	7543.38	8.74	7919.40	8.57	8422.52	8.81	9008.40	8.59
7060.47	8.64	7176.37	8.74	7554.38	8.69	7924.39	8.84	8426.45	8.58	9018.37	8.57
7061.29	8.71	7180.35	8.81	7567.39	8.69	7926.36	8.54	8429.43	8.69	9020.37	8.61
7062.49	8.54	7187.42	8.84	7664.50	8.54	7928.36	8.54	8450.46	8.93	9160.45	8.95
7063.25	8.64	7190.38	8.89	7677.49	8.91	8023.52	8.79	8489.42	8.79	9326.33	8.80
7065.29	8.69	7195.39	8.79	7684.51	8.94	8032.53	8.57	8506.31	8.69	9327.34	8.73
7068.28	8.64	7299.53	8.69	7689.53	8.96	8044.46	8.57	8507.34	8.75	9330.35	8.67
7070.49	8.69	7305.51	8.69	7692.43	8.95	8053.51	8.59	8517.45	8.63	9341.35	8.69
7072.28	8.74	7321.41	8.54	7696.45	8.94	8069.49	8.94	8518.28	8.69	9354.37	8.83
7075.32	8.59	7325.47	8.54	7706.40	8.95	8072.41	8.94	8522.36	8.60	9364.42	8.81
7078.32	8.79	7327.45	8.51	7715.40	8.94	8081.48	8.91	8571.45	8.81		
7082.46	8.81	7332.54	8.54	7724.36	8.81	8097.47	8.87	8623.56	8.74		

Die Lichtkurve besteht aus unregelmäßig geformten Wellen von wechselnder, zumeist ziemlich kleiner Amplitude. Eine Periodizität ist nicht zu erkennen, obgleich manchmal mehrere Wellen von nahezu gleicher Länge aufeinander folgen. Die Zwischenzeiten der Hauptphasen liegen zwischen 28 und 102 Tagen, bevorzugen aber Längen von etwa 43 und 74 Tagen. Daneben sind geringe Schwankungen der mittleren Helligkeit im Betrage von 0^m2 und in Wellen von rund 400 bis 700 Tagen angedeutet.

Maxima		Minima		Maxima		Minima		Maxima		Minima	
J.D. 242...	Gr.	J.D. 242...	Gr.	J.D. 242...	Gr.	J.D. 242...	Gr.	J.D. 242...	Gr.	J.D. 242...	Gr.
5166	8^m40	—	—	7032	8^m49	7009	8^m60	8041	8^m52	7994:	—
5220	8.41	5189	8^m60	7067	8.64	7054	8.72	8121	8.74	8082	8^m96
5294	8.55	5261	8.80	7101	8.62	7082	8.76	8195:	8.78	8162:	8.85
—	—	5241	8.77	7170	8.73	7139	8.90	8257:	8.65	8236:	8.89
5501	8.59	—	—	7332	8.51	—	—	8425	8.67	8280:	—
5544	8.56	5526	8.70	7375	8.51	7359	8.61	8527	8.59	8461	8.98
5615	8.56	5567	8.76	7561:	8.67	7519	8.84	8793	8.59	8758	8.82
6231	8.49	—	—	7662:	8.52	—	—	8867	8.55	8831	8.85
6295	8.50	6267	8.68	7734	8.56	7703	8.97	8939	8.64	8906	8.83
6946	8.50	—	—	7852	8.53	7759	8.80	9014	8.54	8982	8.92
6987	8.46	6966	8.65	7942:	8.5	7893	8.90	9338	8.69	—	—

Lichtwechsel unperiodisch (zuweilen kurze Zyklen von 43 und 74 Tagen). μ Cephei-Art (I, 23. F, a); Spektrum: Ma; Grenzen des beobachteten visuellen Lichtwechsels: 8^m4 und 9^m0; mittlere visuelle Amplitude: 0^m25; galaktische Breite: $+ 2^0$. Lichtkurve wie AD Cyg.

RX Bootis

Der schon im Jahre 1874 wegen seiner roten Färbung der Veränderlichkeit verdächtigte Stern ist in neuerer Zeit besonders sorgfältig von F. Lause[26]) visuell beobachtet worden. 261 Helligkeitsschätzungen zwischen 1928 Febr. 19 und 1933 Okt. 20 ergaben völlig regellose Änderungen zwischen den visuellen Grenzen 7^m2 und 9^m2. Als Ergänzung dieser visuellen Beobachtungen konnte H. Rügemer[27]) die Ergebnisse aus teilweise gleichzeitig erhaltenen photographischen Aufnahmen der Bamberger Sternwarte aus der Zeit 1929 März 15 bis 1934 Juli 18 beitragen. Auch diese Untersuchungen ergaben einen regellosen Lichtwechsel zwischen den photographischen Grenzen 8^m92 und 10^m04. Die im folgenden mitgeteilten 130 Helligkeitsschätzungen wurden in der Zeit 1932 Dez. 28 bis 1939 Juni 15 erhalten.

Vergleichsterne

Bez.	BD-Nr.	photom. Gr.
RX Boo	$+ 26^0$ 2563	var
a	$+ 26^0$ 2569	7^m60
b	$+ 26^0$ 2572	8.24

[26]) Astron. Nachr. **241**.23 und **252**.67. — [27]) Astron. Nachr. **255**.175.

Beobachtungen

J.D. 242...	Gr.	J.D. 242...	Gr.	J.D. 242...	Gr.	J.D. 242...	Gr.	J.D. 242...	Gr.	J.D. 242...	Gr.
7070.60	$8^{m}.08$	7262.41	$7^{m}.89$	7555.35	$8^{m}.08$	7858.46	$8^{m}.09$	8273.38	$8^{m}.09$	9045.42	$8^{m}.10$
7093.63	8.07	7271.42	7.73	7559.38	8.06	7866.44	7.97	8304.52	8.19	9054.41	8.12
7097.49	7.89	7273.44	7.87	7562.43	8.04	7906.46	7.92	8325.47	8.04	9167.28	8.24
7124.47	8.03	7277.43	7.81	7567.45	7.97	7918.49	7.81	8336.43	8.06	9175.27	8.24
7132.48	7.99	7282.43	7.77	7569.50	7.94	7927.42	7.94	8358.45	7.92	9250.56	8.00
7144.43	8.06	7298.37	7.83	7572.38	7.94	7951.46	7.94	8407.34	7.98	9274.53	8.15
7153.47	7.99	7307.36	7.85	7575.45	7.92	7963.44	8.04	8421.35	7.97	9293.50	8.29
7154.37	7.90	7320.35	7.87	7588.42	7.93	7986.42	8.13	8542.55	7.97	9321.41	8.24
7157.47	7.97	7321.32	7.81	7599.45	8.04	7992.37	8.16	8571.48	7.99	9322.46	8.24
7158.53	7.87	7333.31	7.92	7612.44	8.03	7999.38	8.14	8578.50	7.97	9325.40	8.24
7161.49	7.88	7336.30	8.01	7623.41	7.92	8023.38	8.09	8601.45	8.06	9330.37	8.22
7176.37	7.92	7343.28	8.03	7625.41	7.99	8033.36	8.19	8623.52	8.19	9341.37	8.22
7180.41	7.97	7345.28	8.01	7655.42	8.08	8069.29	7.97	8637.48	8.24	9354.42	8.14
7181.38	7.94	7355.25	8.03	7664.43	8.03	8085.21	7.87	8654.48	8.14	9364.53	8.16
7185.53	7.99	7483.44	7.92	7677.35	8.13	8097.23	7.98	8676.44	8.08	9379.45	8.14
7187.47	7.97	7484.45	7.92	7684.36	8.13	8187.50	7.98	8694.42	8.01	9388.44	8.15
7191.38	7.98	7506.44	7.92	7691.33	8.09	8190.48	7.97	8854.67	8.19	9404.42	8.12
7195.44	7.99	7512.38	8.01	7694.32	8.09	8204.52	7.98	8926.52	8.06	9413.49	8.10
7204.39	7.97	7530.38	8.01	7706.28	8.03	8228.41	8.06	8938.47	8.04	9424.42	8.02
7213.40	7.95	7532.47	8.03	7709.27	8.09	8246.56	7.90	8979.44	8.15	9430.43	8.00
7214.49	7.95	7535.36	8.12	7717.27	8.04	8254.42	7.96	8998.44	8.09		
7260.44	7.89	7543.40	8.08	7840.58	8.03	8268.32	8.14	9015.38	8.04		

Die Lichtkurve besteht aus unregelmäßig geformten und zumeist sehr flach verlaufenden Wellen mit Längen von etwa 55 bis 165 Tagen zwischen den visuellen Grenzen $7^{m}.7$ und $8^{m}.3$. Dabei zeigt die mittlere Helligkeit einen langsamen Abstieg von $7^{m}.9$ auf $8^{m}.15$. Die Höchstamplitude von $0^{m}.6$ beträgt somit nur ein Drittel des von F. Lause gefundenen Wertes $2^{m}.0$, der auch im Vergleich mit der photographischen Amplitude Rügemers ($1^{m}.1$) reichlich groß erscheint. Nach NNVS 3.57 fand V. Tschernow in den Jahren 1929—30 eine visuelle Amplitude von $0^{m}.8$ ($7^{m}.8$ bis $8^{m}.6$). Die in Kat. u. Eph. f. 1943 gegebenen Perioden von 78 und 500 Tagen konnten hier nicht bestätigt werden.

Maxima				Minima			
J.D. 2427166	$7^{m}.86$	7924	$7^{m}.85$	J.D. 242 7198	$7^{m}.99$	8010	$8^{m}.17$
7293	7.76	8087	7.90	7548	8.10	8292	8.25
7581	7.90	8249	7.91	7606	8.06	8632	8.21
7636	7.90	9238	8.00	7683	8.10	9302	8.28

Unperiodischer Lichtwechsel vom Typ μ Cephei (I, 23. F, a); mittlere visuelle Amplitude: $0^{m}.3$; beobachtete Grenzen des visuellen Lichtwechsels: $7^{m}.7$ und $8^{m}.3$; Spektrum: M8; Farbenindex: $+ 1^{m}.5$; galaktische Breite: $+ 68^{0}$. Lichtkurve wie CO Cyg.

UV Bootis

Der Lichtwechsel des im Jahre 1929 von R. Rajchl[28]) entdeckten Veränderlichen wurde von B. W. Kukarkin[29]) auf Moskauer Platten bestätigt, die kurzperiodische Schwankungen andeuten. Z. Kopal[30]) fand 1931 einen δ Cephei-Lichtwechsel und veröffentlichte im Beob.-Zirk. Astron. Nachr. 13.11 (1931) die vorläufigen Elemente: Max. $=$ J.D. 2426187.4 $+ 36^{d}.8 \cdot E$. Eine später von ihm vorgenommene Zusammenfassung[31]) aller vorhandenen Beobachtungen von Kopal, Parenago und Rajchl aus der Zeit J.D. 242 5302—6600 läßt im wesentlichen auf regellose Helligkeitsschwankungen zwischen den visuellen Grenzen $7^{m}.8$ und $8^{m}.4$ schließen, die jedoch zeitweilig in Zyklen von 37 Tagen verlaufen. Diesen Befund bestätigen die von H. Rügemer[32]) auf 90 Bamberger Überwachungsaufnahmen vorgenommenen Untersuchungen. Die hier erhaltenen 130 Beobachtungen verteilen sich über den Zeitabschnitt 1932 Dez. 28 bis 1939 Juni 15.

Vergleichsterne

Bez.	BD-Nr.	photom. Gr.
UV Boo	$+ 26^{0}$ 2559	var
a	$+ 26^{0}$ 2569	$7^{m}.60$
b	$+ 26^{0}$ 2572	8.24

Beobachtungen

J.D. 242...	Gr.	J.D. 242...	Gr.	J.D. 242...	Gr.	J.D. 242...	Gr.	J.D. 242...	Gr.	J.D. 242...	Gr.
7070.59	$7^{m}.97$	7132.48	$8^{m}.14$	7157.47	$8^{m}.13$	7180.41	$8^{m}.13$	7191.38	$8^{m}.24$	7214.49	$8^{m}.07$
7093.63	7.92	7144.42	8.16	7158.53	8.13	7181.38	8.13	7195.44	8.18	7260.44	8.12
7097.48	8.03	7153.47	8.24	7161.49	8.13	7185.53	8.09	7204.39	8.10	7262.41	8.07
7124.47	8.10	7154.37	8.15	7176.37	8.12	7187.47	8.11	7213.40	8.09	7271.41	8.07

28) Astron. Nachr. **236**.247 (1929). — 29) NNVS 3.19. — 30) Beob.-Zirk. **13**.11 (1931). — 31) Astron. Nachr. **248**.9. — 32) Astron. Nachr. **255**.175 (1934).

J.D. 242...	Gr.	J.D. 242...	Gr.	J.D. 242...	Gr.	J.D. 242...	Gr.	J.D. 242...	Gr.	J.D. 242...	Gr.
7273.44	$8^{m}24$	7535.36	$8^{m}09$	7691.33	$8^{m}24$	8069.29	$8^{m}19$	8571.48	$8^{m}09$	9250.56	$8^{m}14$
7277.43	8.08	7543.40	8.13	7694.32	8.19	8085.25	8.14	8578.50	8.08	9274.53	8.11
7282.43	8.14	7555.35	8.15	7706.28	8.14	8097.23	8.14	8601.45	8.10	9293.49	8.09
7298.37	8.09	7559.38	8.19	7709.27	8.19	8187.50	8.09	8623.52	8.09	9321.41	8.06
7307.37	8.04	7562.43	8.24	7717.27	8.24	8190.49	8.09	8637.48	8.08	9322.46	8.08
7320.35	8.06	7567.45	8.13	7840.58	8.13	8204.52	8.07	8654.48	8.01	9325.40	8.02
7321.32	8.08	7569.49	8.09	7858.46	8.19	8228.41	8.15	8676.44	8.09	9330.37	8.05
7333.30	8.05	7572.38	8.12	7866.44	8.19	8246.56	8.09	8694.42	8.13	9341.36	8.04
7336.29	8.12	7575.44	8.10	7906.46	8.13	8254.42	8.09	8854.67	8.09	9354.42	8.01
7343.28	8.19	7588.44	8.04	7918.49	8.08	8268.32	8.09	8926.52	8.09	9364.53	8.00
7345.28	8.12	7599.45	8.09	7927.42	8.09	8273.37	8.09	8938.47	7.99	9379.45	7.99
7355.25	8.22	7612.44	8.24	7951.46	8.19	8304.52	8.09	8979.44	8.06	9388.44	8.03
7483.44	8.13	7623.41	8.13	7963.44	8.09	8325.47	8.12	8998.44	8.09	9404.42	8.03
7484.45	8.13	7625.41	8.13	7986.43	8.13	8336.43	8.10	9015.38	8.04	9413.49	8.01
7506.43	8.08	7655.41	8.18	7992.37	8.16	8358.44	8.13	9045.41	8.07	9424.41	7.94
7512.37	8.15	7664.43	8.19	7999.38	8.24	8407.34	8.19	9054.41	8.04	9430.43	8.00
7530.38	8.09	7677.35	8.03	8023.38	8.19	8421.35	8.09	9167.28	8.13		
7532.47	8.13	7684.36	8.03	8033.36	8.14	8542.55	8.06	9175.27	8.09		

Nach den vorstehenden Beobachtungen schwankte die Helligkeit des Sterns in den Jahren 1933—1939 in sehr geringem Umfang ($0^{m}1$ bis $0^{m}3$) zwischen den visuellen Grenzen $7^{m}95$ und $8^{m}25$. Die Amplitude beträgt damit nur die Hälfte des von Z. Kopal visuell und H. Rügemer photographisch gefundenen Wertes $0^{m}6$. Infolge der Helligkeit des Sterns und des großen Abstandes geeigneter Vergleichsterne war die Beobachtung etwas schwierig. Die dadurch entstandene größere Streuung der Einzel-Schätzungen wirkt sich angesichts der kleinen Amplitude besonders ungünstig aus. Trotzdem sind im ersten Abschnitt der Lichtkurve zwischen J.D. 242 7070 und 8000 deutlich Ketten von kurzen Wellen zu erkennen, deren Minima schärfer ausgeprägt sind als die Maxima. Die mittlere Länge dieser Wellen ist schwer zu bestimmen. Sie könnte anfangs etwa 37 Tage betragen. Für die Gesamtheit der Beobachtungen des Abschnitts J.D. 242 7070—7720 ergibt eine mittlere Periode von 46 Tagen eine bessere Darstellung. Ein gesetzmäßig verlaufender Lichtwechsel mit fester Periode ist aber sicher nicht vorhanden. Von J.D. 242 8200 ab pendelt die Helligkeit kaum merklich im Betrage von kaum $0^{m}1$ um die langsam zwischen $8^{m}00$ und $8^{m}15$ schwankende mittlere Helligkeit des Sterns. Am Schluß, zwischen J.D. 242 9250 und 9430, steigt die Helligkeit langsam und stetig von $8^{m}13$ auf $7^{m}99$ an. UV Boo ist somit zu den Unperiodischen vom Typ Y Leporis (I, 22. b) zu zählen.

Beobachtete Grenzen des visuellen Lichtwechsels: $7^{m}95$ und $8^{m}25$; mittlere visuelle Amplitude: $0^{m}2$; Spektrum: F5; galaktische Breite: $+ 68^{0}$.

24.1935 Bootis

Der Lichtwechsel des Sterns BD $+ 18^{0}$ 2797 wurde im Jahre 1934 von C. Hoffmeister auf Sonneberger Platten entdeckt und in Astron. Nachr. **255**.403 (1934) angezeigt. Anderweitige Beobachtungen des Veränderlichen sind bislang nicht veröffentlicht worden. Die im folgenden wiedergegebenen 68 Helligkeitsschätzungen wurden zwischen 1935 Febr. 24 und 1939 Juni 22 erhalten.

Vergleichsterne

Bez.	BD-Nr.	photom. Gr.
24.1935 Boo	$+ 18^{0}$ 2797	var
a	$+ 18^{0}$ 2802	$8^{m}72$
c	$+ 18^{0}$ 2796	8.97
b	$+ 18^{0}$ 2791	9.10
d	$+ 17^{0}$ 2675	9.60

Beobachtungen

J.D. 242...	Gr.	J.D. 242...	Gr.	J.D. 242...	Gr.	J.D. 242...	Gr.	J.D. 242...	Gr.	J.D. 242...	Gr.
7858.44	$8^{m}89$	7934.39	$8^{m}97$	8247.41	$8^{m}93$	8926.53	$8^{m}95$	9322.54	$9^{m}55$	9364.45	$9^{m}05$
7860.45	8.94	7945.40	8.99	8267.44	8.94	8938.52	8.85	9322.57	9.52	9366.40	9.02
7866.46	8.98	7951.42	8.98	8268.37	8.91	8971.46	8.85	9325.38	9.55	9371.39	9.06
7870.44	8.99	7960.42	9.00	8305.48	8.94	8979.44	8.96	9326.40	9.51	9402.41	9.40
7871.46	9.00	7970.45	8.97	8325.44	8.99	8998.41	8.95	9329.39	9.60	9410.40	9.22
7875.44	9.00	7985.46	8.97	8408.33	8.97	9008.44	8.96	9330.37	9.55	9414.42	9.22
7899.49	8.85	8025.37	9.02	8571.49	8.89	9038.42	8.88	9332.38	9.50	9422.50	9.05
7906.41	8.93	8033.36	9.02	8601.44	8.98	9289.52	8.90	9334.60	9.50	9437.47	8.97
7907.45	8.93	8180.51	8.94	8623.50	8.94	9293.51	8.91	9338.40	9.50		
7916.44	9.03	8187.53	8.94	8637.45	8.95	9322.45	9.51	9341.38	9.44		
7926.42	8.97	8204.50	8.91	8677.43	9.10	9322.46	9.58	9346.46	9.39		
7928.45	8.97	8228.42	8.98	8854.68	9.19	9322.50	9.55	9354.39	9.20		

Zu Beginn der Überwachung änderte sich die Helligkeit mit einer Amplitude von $0^{\mathrm{m}}15$ nur sehr wenig. In der Zeit J.D. 242 7915—8650 ergaben die Beobachtungen mit einer mittleren Streuung von $\pm 0^{\mathrm{m}}03$ die konstante Helligkeit $8^{\mathrm{m}}95$. Nach dieser fast 2jährigen Ruhepause setzte ganz langsam wieder ein merklicher Lichtwechsel ein, dessen Amplitude bis zum Ende der Beobachtungsreihe auf $0^{\mathrm{m}}7$ anwuchs. Dabei wich die Helligkeit der Maxima nur unbedeutend von der zur Zeit des Stillstands herrschenden Größe $8^{\mathrm{m}}95$ ab, so daß der Umfang der Lichtänderungen im wesentlichen durch die Tiefe der Minima bestimmt wurde. Da das starke Anwachsen der Helligkeitsamplitude zwischen J.D. 242 9038 und 9239 wegen einer Unterbrechung der Überwachung nicht bemerkt wurde, erweckte die J.D. 242 9322 plötzlich vorgefundene Abschwächung des Lichts um mehr als eine halbe Größenklasse den Verdacht eines möglicherweise bis dahin versteckt gebliebenen Bedeckungslichtwechsels. Die in dieser Nacht vorgenommenen 5 Beobachtungen sowie eine sorgfältige Überwachung innerhalb der folgenden Wochen beseitigten jedoch diesen Verdacht und lieferten eine Lichtkurve mit sehr glatten und regelmäßig geformten, etwa 70tägigen Wellen zwischen den Grenzen $8^{\mathrm{m}}9$ und $9^{\mathrm{m}}6$. Im übrigen sind aber keine Anzeichen von Gesetzmäßigkeiten aufzufinden.

Maxima			Minima		
J.D. 242 7896	$8^{\mathrm{m}}84$	kurze Aufhellung	J.D. 242 7873	$9^{\mathrm{m}}00$	flach
7915—8650 kaum merkliche Schwankungen um $8^{\mathrm{m}}95$					
8957	8.75	rund	8994	8.99	flach
9291:	8.89	spitz (?)	9329	9.57	rund
9367	9.03	spitz	9398	9.44	spitz
9433	8.96	rund			

24.1935 Boo gehört somit zu den unperiodischen Veränderlichen vom Typus μ Cephei (I, 23. F, a). Beobachtete visuelle Helligkeitsgrenzen: $8^{\mathrm{m}}8$ und $9^{\mathrm{m}}6$; visuelle Amplitude: $0^{\mathrm{m}}0$ bis $0^{\mathrm{m}}7$; Spektrum: unbekannt; galaktische Breite: $+71^{0}$. Lichtkurve wie TZ Cas.

SY Camelopardalis

Die Veränderlichkeit des Sterns wurde im Jahre 1929 von J. HAAS auf Babelsberger Platten entdeckt und in Astron. Nachr. **237**.220 (1929) angezeigt. S. BÖHME[33]) fand auf 104 Bamberger Ernostar-Aufnahmen aus der Zeit J.D. 242 6218—9313 langsame, nicht ganz regelmäßig verlaufende Helligkeitsschwankungen zwischen $10^{\mathrm{m}}5$ und $11^{\mathrm{m}}8$ und hielt unter Berücksichtigung der von J. HAAS mitgeteilten Ergebnisse eine mittlere Periode von etwa 390 Tagen für möglich. Zuweilen sollen einzelne Maxima ganz ausfallen oder nur schwach angedeutet sein. Die im folgenden mitgeteilten 184 Beobachtungen zwischen 1932 Nov. 28 und 1939 Sept. 12 überdecken den weitaus größten Teil des von S. BÖHME untersuchten Zeitabschnitts.

Vergleichsterne

Bez.	BD-Nr. bzw. Ort 1855.0	photom. Gr.
SY Cam	$+80^{0}$ 191	var
g	$+79^{0}$ 193	$9^{\mathrm{m}}59$
a	$+80^{0}$ 189	10.13
b	$5^{h}\,38^{m}\,57^{s}$ $+80^{0}\,11'$	10.38
c	5 40 28 +80 16	10.44

Beobachtungen

J.D. 242...	Gr.	J.D. 242...	Gr.	J.D. 242...	Gr.	J.D. 242...	Gr.	J.D. 242...	Gr.	J.D. 242...	Gr.
7040.25	$10^{\mathrm{m}}28$	7144.41	$10^{\mathrm{m}}35$	7320.37	$9^{\mathrm{m}}94$	7554.39	$10^{\mathrm{m}}28$	7696.45	$9^{\mathrm{m}}91$	7919.40	$9^{\mathrm{m}}73$
7041.26	10.28	7153.39	10.28	7325.46	9.86	7567.49	10.27	7706.39	10.18	7926.44	9.92
7042.26	10.43	7155.43	10.25	7333.44	9.82	7569.45	10.30	7710.43	10.18	7945.43	9.91
7043.26	10.14	7159.45	10.30	7336.46	9.80	7574.40	10.25	7717.53	10.08	7949.51	9.93
7052.44	10.07:	7180.40	9.99	7343.39	9.92	7589.43	10.01	7728.50	9.96	7954.47	9.91
7054.26	10.45	7187.43	10.03	7359.34	9.84	7601.48	10.01	7736.29	9.93	7963.42	10.01
7060.35	10.35	7189.50	9.93	7368.47	9.86	7605.48	9.98	7755.38	9.96	7975.48	10.08
7061.27	10.44	7195.44	9.93	7384.42	9.79	7612.49	10.01	7765.36	10.01	7987.45	10.13
7068.37	10.34	7213.40	9.93	7483.40	10.05	7618.47	9.98	7781.28	9.98	8020.56	10.49
7070.60	10.33	7261.49	9.94	7506.42	10.27	7627.52	10.01	7832.42	9.80	8025.52	10.46
7082.45	10.58	7274.49	9.99	7512.38	10.42	7657.53	9.96	7840.57	9.78	8032.49	10.05
7087.44	10.52	7279.45	10.02	7530.41	10.28	7669.46	9.98	7858.36	9.82	8037.43	9.95
7095.28	10.44	7282.49	10.09	7533.39	10.30	7676.37	9.96	7865.46	9.77	8044.51	9.91
7124.46	10.38	7297.49	9.93	7535.41	10.26	7684.51	9.86	7870.41	9.76	8055.44	9.98
7132.45	10.35	7298.47	9.82	7543.45	10.27	7689.48	9.88	7876.35	9.73	8066.48	10.02
7137.35	10.38	7307.47	9.89	7546.39	10.23	7692.44	9.93	7906.41	9.74	8072.42	9.98

[33]) Astron. Nachr. **269**.239 (1939).

J.D. 242...	Gr.	J.D. 242...	Gr.	J.D. 242...	Gr.	J.D. 242...	Gr.	J.D. 242...	Gr.	J.D. 242...	Gr.
8077.49	$9^{m}91$	8290.41	$9^{m}59$	8505.36	$9^{m}94$	8778.36	$10^{m}38$	9157.42	$10^{m}28$	9327.31	$9^{m}98$
8083.31	9.94	8304.53	9.79	8512.34	9.95	8798.48	10.56	9160.49	10.35	9330.36	10.05
8086.36	9.95	8325.49	9.99	8517.45	9.99	8817.52	10.33	9169.47	10.30	9340.41	9.98
8096.56	9.99	8336.44	9.98	8522.37	9.96	8822.46	10.36	9193.42	10.44	9346.45	9.99
8111.46	10.13	8353.46	10.35	8545.54	9.92	8840.57	10.28	9235.34	10.43	9354.38	9.86
8121.42	10.04	8389.57	10.46	8571.41	9.91	8854.55	10.01	9249.47	10.43	9364.43	9.68
8140.41	9.98	8396.53	10.40	8578.40	9.88	8923.42	9.95	9251.39	10.44	9366.40	9.59
8163.49	10.04	8409.46	10.69	8601.42	9.90	8938.34	9.84	9261.35	10.34	9381.41	9.74
8180.40	9.96	8422.53	10.40	8622.57	9.86	8947.47	9.78	9274.49	10.18	9388.41	9.75
8205.33	9.93	8427.44	10.38	8637.43	9.84	8979.39	9.76	9280.40	10.18	9403.44	9.70
8229.31	9.93	8429.43	10.25	8655.37	9.95	8993.45	9.73	9293.48	10.13	9413.43	9.69
8248.34	9.88	8449.45	10.28	8677.44	10.15	9015.42	9.75	9302.38	10.01	9421.52	9.73
8267.40	9.77	8474.46	9.98	8691.43	10.18	9018.39	9.77	9315.41	9.98	9519.47	10.01
8272.37	9.74	8484.40	9.98	8752.49	10.81	9038.49	9.86	9321.34	9.98		
8278.43	9.73	8493.40	9.86	8765.50	10.51	9057.51	9.89	9325.36	10.03		

Die Lichtkurve (s. Abb. 1) besteht aus langgestreckten und unregelmäßig geformten 400-tägigen Wellen, die zumeist sehr breite, zum Teil stufenförmig entwickelte oder weit aufgespaltene Maxima aufweisen. Diese primären Schwankungen mit einer mittleren Amplitude von $0^{m}9$ sind von kräftigen sekundären Wellen mit Höhen von $0^{m}1$ bis $0^{m}3$ überlagert, die stellenweise (z. B. J.D. 2427900—8130) einen ausgesprochen RV Tauri-ähnlichen Charakter zeigen und eine mittlere Länge von etwa $38^{d}8$ ziemlich gut einhalten. Durch diese Wellen werden zahlreiche, zum Teil sehr scharf ausgeprägte Teilphasen gebildet, deren Epochen im folgenden einzeln aufgeführt sind. Die mit den Extrema der primären Schwankungen zusammenfallenden höchsten Maxima und tiefsten Minima der sekundären Wellen sind durch Fettdruck besonders gekennzeichnet. Ein Versuch, die Epochen aller Minima durch die Elemente: Min. = J.D. 242 7050 + $38^{d}75 \cdot E$ darzustellen, ergibt die in den Spalten B—R zusammengestellten Abweichungen, die ihrerseits auf einen periodischen Vorgang mit unregelmäßigem Ablauf schließen lassen. Einige stark herausfallende Werte weisen auf größere Unregelmäßigkeiten in den Längen der Einzelwellen hin. Im übrigen behalten aber die obigen Elemente innerhalb des 7 Jahre umfassenden Beobachtungsabschnitts ihre Gültigkeit.

	Maxima		Minima				Maxima		Minima		
E	J.D. 242...	Gr.	J.D. 242...	Gr.	B—R	*E*	J.D. 242...	Gr.	J.D. 242...	Gr.	B—R
0	7067	$10^{m}31$	7050	$10^{m}48$	0^{d}	29	—	—	8161	$10^{m}05$	-13^{d}
1	—	—	**7084**	10.59	− 5	32	**8291**	**$9^{m}58$**	—	—	—
3	7192	9.93	—	—	—	33	8333	9.95	8323	9.99	− 6
6	7302	9.83	7284	10.08	+ 1	34	8388	10.40	8369	10.51	+ 1
7	7333	9.81	7318	9.95	− 4	35	8438	10.24	**8411**	**10.70**	+ 4
8	**7378**	**9.77**	7351	9.96	− 9	36	8493	9.89	8451	10.29	+ 6
11	7490	10.00	7474:	10.14:	− 3:	38	—	—	8516	9.98	− 7
12	7543	10.24	**7518**	**10.50**	+ 3	40	**8632**	**9.83**	—	—	—
13	7600	9.97	7563	10.31	+ 9	44	8777	10.37	**8752**	**10.81**	− 3
15	7688	9.86	—	—	—	45	8817	10.32	8799	10.57	+ 5
17	7739	9.91	7709	10.19	0	46	—	—	8830	10.41	− 3
19	—	—	7773:	10.05	−13:	48	—	—	8922:	9.95:	+12:
21	7879	9.71	7855	9.84	− 9	53	**9001**	**9.71**	—	—	—
22	**7915**	**9.69**	7895	9.80	− 8	56	—	—	**9215**:	**10.58**	− 5:
23	7952	9.89	7935	10.05	− 6	58	9315	9.95	—	—	—
25	8044	9.91	**8023**	**10.51**	+ 4	59	**9370**	**9.60**	9336	10.03	− 1
26	8082	9.92	8064	10.04	+ 6	60	9409	9.69	9389	9.75	+14
27	8133	9.95	8112	10.13	+15						

Ein Vergleich der fettgedruckten Hauptphasen-Epochen mit den von S. Böhme veröffentlichten 5 Maximum-Epochen ergibt bei einigen Werten überaus große Abweichungen auch dann, wenn aus den obigen Beobachtungen eine geglättete Kurve des primären Lichtwechsels gezeichnet wird. So weichen die von S. Böhme bestimmten Maxima J.D. 242 8185 und 8975 um — 106 bzw. + 74 Tage von den hier erhaltenen Epochen ab. Der Umfang dieser Unstimmigkeiten erscheint aber weniger bedeutungsvoll, wenn man berücksichtigt, daß die sehr flachen Maxima durch die sekundären Wellen in mehrere Teilphasen zerfallen und damit die Festlegung der Hauptphase — besonders bei einer unzureichenden Anzahl von Beobachtungen — äußerst schwierig und unsicher ist. Die Zwischenzeiten der Hauptphasen des primären Lichtwechsels betragen bei den Maxima 537, 376, 341, 369, 369 Tage und bei den Minima 434, 505, 388, 341, 463 Tage. Der Hauptlichtwechsel verläuft danach unperiodisch mit Wellen von etwa 400 Tagen.

SY Cam gehört zu den μ Cephei-Sternen (I, 23. F, a); beobachtete Grenzen der visuellen Helligkeit: 9^m6 und 10^m8; mittlere visuelle Amplitude des Hauptlichtwechsels: 0^m9; Spektrum: unbekannt; galaktische Breite: $+ 26^0$. Lichtkurve s. Abb. 1.

Z Canis Maioris

Fortsetzung von Astron. Nachr. **263**.76 (1937).

Der Stern ist hier seit 1923 ständig überwacht worden. Der größte Teil der Beobachtungen, 220 Helligkeitsschätzungen aus der Zeit 1923 Dez. 4 bis 1936 April 12, sowie die daraus abgeleiteten Ergebnisse sind bereits in Astron. Nachr. **263**.76 und Erg.-Heft z. d. Astron. Nachr. **8**.C 72 veröffentlicht worden. Im folgenden sind die noch vorhandenen 34 Beobachtungen zwischen 1936 Dez. 14 und 1939 April 9 zusammengestellt.

Vergleichsterne siehe Astron. Nachr. **263**.76.

Beobachtungen

J.D. 242...	Gr.	J.D. 242...	Gr.	J.D. 242...	Gr.	J.D. 242...	Gr.	J.D. 242...	Gr.	J.D. 242...	Gr.
8517.43	10^m45	8578.38	10^m40	8923.39	10^m80	9249.45	10^m50	9301.40	10^m53	9338.31	10^m70
8518.46	10.47	8590.34	10.37	8935.35	10.71	9250.52	10.50	9315.38	10.60	9340.34	10.66
8522.40	10.45	8601.34	10.40	8947.40	10.65	9261.41	10.50	9321.33	10.60	9354.30	10.65
8545.53	10.43	8817.56	10.83	8965.34	10.45	9274.45	10.50	9325.31	10.65	9363.31	10.67
8551.34	10.32	8840.55	10.77	8979.30	10.57	9280.39	10.45	9328.32	10.67		
8571.42	10.43	8854.54	10.93	8998.32	10.50	9293.47	10.53	9330.34	10.61		

In den Jahren 1937—1939 blieb der Stern mit visuellen Lichtänderungen zwischen den Grenzen 10^m35 und 11^m05 ebenso lichtschwach wie in dem voraufgehenden Zeitabschnitt. Damit ist er seit 1929 nicht mehr zu seiner mittleren Maximal-Helligkeit 8^m7 angestiegen, in die er früher fast immer zurückkehrte, um darin eine Zeitlang zu verharren. Im Winter 1936/37 blieb seine Helligkeit fast konstant 10^m4. Im folgenden Beobachtungsabschnitt 1937/38 durchlief das Licht ein langgestrecktes, tiefes Minimum J.D. 242 8878 (11^m05) und stieg danach bis zur Helligkeit 10^m5 an. Im Winter 1938/39 waren wiederum nur langsame und geringe Schwankungen zwischen 10^m47 und 10^m70 zu bemerken, in deren Verlauf das flache Minimum J.D. 242 9348 (10^m70) gebildet wurde. Eine ausführliche Beschreibung der früheren Erscheinungen ist bereits in den obengenannten Veröffentlichungen gegeben worden.

Der Veränderliche gehört zu den X Persei-Sternen (I, 21. L, b); beobachtete Grenzen des visuellen Lichtwechsels: 8^m4 und 11^m1; Spektrum: Bpe; galaktische Breite: $- 1^0$.

RW Canum Venaticorum

Über den Lichtwechsel dieses 1923 von Miss H. LEAVITT auf Harvard-Platten aus den Jahren 1916—1919 entdeckten und von WALKER und FAIRFIELD [Harv. Bull. **790** (1923)] bestätigten Veränderlichen ist bisher nur wenig bekannt geworden. Außer einer kurzen Notiz über unveröffentlichte Beobachtungen von E. LEINER und A. DUBIAGO (Gesch. u. Lit. Veränd. Sterne II, 1.157) ist nur eine kurze Reihe von Helligkeitsschätzungen auf 52 Platten aus 17 Nächten zwischen 1926 April 3 bis Mai 19 von P. PARENAGO in Astron. Nachr. **240**.329 (1930) mitgeteilt worden. Während die Entdeckungsplatten Helligkeitsänderungen zwischen 9^m9 und 10^m8 (photogr.) ergaben, fand PARENAGO in der kurzen Überwachungszeit nur geringe und unregelmäßige Schwankungen innerhalb der Grenzen 9^m9 und 10^m1 (photogr.). Im folgenden sind die hier erhaltenen 102 Beobachtungen aus der Zeit 1933 Jan. 14 bis 1939 Juni 7 mitgeteilt.

Vergleichsterne

Bez.	BD-Nr.	photom. Gr.
RW CVn	$+ 37^0$ 2480	var
a	$+ 37^0$ 2483	8^m95
b	$+ 37^0$ 2478	9.46

Beobachtungen

J.D. 242...	Gr.	J.D. 242...	Gr.	J.D. 242...	Gr.	J.D. 242...	Gr.	J.D. 242...	Gr.	J.D. 242...	Gr.
7087.47	9^m12	7213.40	9^m15	7535.37	9^m02	7841.41	9^m12	8303.57	9^m09	9015.38	9^m00
7095.45	9.14	7260.43	9.25	7543.52	9.10	7860.44	9.08	8325.48	9.09	9057.52	9.07
7097.47	9.12	7262.42	9.29	7555.35	9.08	7870.43	9.07	8403.43	9.09	9167.29	9.10
7124.50	8.87	7273.45	9.26	7567.48	9.12	7907.38	9.15	8408.34	9.13	9193.27	9.13
7132.49	8.80	7281.44	9.10	7578.47	9.20	7952.43	9.18	8423.36	9.20	9249.54	8.95
7144.42	8.83	7298.37	9.31	7589.42	9.14	7985.46	9.26	8518.50	9.20	9274.52	8.85
7145.38	8.80	7309.36	9.37	7599.45	9.15	8023.38	9.10	8571.47	9.24	9293.50	8.87
7152.47	8.90	7325.33	9.32	7606.48	9.12	8055.34	9.33	8623.51	9.05	9315.44	9.05
7153.50	8.95	7344.33	9.32	7617.46	9.10	8097.24	9.20	8656.52	9.00	9321.39	9.10
7157.46	9.10	7482.41	9.09	7627.45	9.10	8180.48	9.02	8677.44	9.08	9325.37	9.14
7161.51	9.26	7483.43	9.06	7655.42	9.15	8190.48	9.16	8769.37	9.07	9341.36	9.10
7177.40	9.30	7505.31	9.12	7685.36	9.17	8205.46	9.25	8798.37	9.16	9354.43	8.95
7180.39	9.24	7506.45	9.13	7693.34	9.10	8247.38	8.84	8819.31	9.10	9366.39	8.88
7185.51	9.26	7512.37	9.10	7706.28	9.13	8248.33	8.79	8854.61	9.03	9389.45	9.01
7190.43	9.25	7530.43	9.05	7717.28	9.16	8254.44	8.80	8929.49	9.14	9404.44	9.05
7195.41	9.20	7533.40	9.07	7739.24	9.14	8267.41	9.10	8938.46	9.25	9413.49	9.14
7204.46	9.20	7534.38	9.06	7832.47	9.15	8278.42	9.18	8979.43	8.95	9422.50	9.23

Die Lichtkurve verläuft in ziemlich glatten, aber unregelmäßig geformten Wellen mit stark wechselnden Amplituden bis zu etwa 0^m6. Im Abschnitt J.D. 242 7482—7740 kamen die Helligkeitsänderungen mit Schwankungen von kaum 0^m1 fast zum Stillstand, um später im alten Umfange wieder aufzuleben. Auch die mittlere Helligkeit des Sterns pendelt in geringen Beträgen (0^m1 bis 0^m3) in Wellen von 450 bis 600 Tagen (im Mittel etwa 540^d), so daß sich der Gesamtlichtwechsel zwischen den Grenzen 8^m7 und 9^m6 vollzieht. Die Längen der kurzen Einzelwellen liegen zwischen 65 und 150 Tagen, wobei Werte von etwa 90 Tagen bevorzugt scheinen. Irgendwelche Gesetzmäßigkeiten des Lichtwechsels sind jedoch nicht nachzuweisen.

Maxima		Minima		Maxima		Minima	
J.D. 242 7139	8^m76	7092	9^m14	J.D. 242 8251	8^m79	8208	9^m25
7227:	9.12	7169	9.35	8314	9.03	8280	9.17
7284	9.09	7267	9.39	8399:	9.08:	—	—
—	—	7310	9.37	8542	9.08	8474	9.60
7534	9.03	7502	9.12	8648	8.98	8581	9.26
7624	9.10	7583	9.17	—	—	8796	9.15
—	—	7675	9.18	8994	8.87	8945	9.27
7868	9.06	—	—	—	—	9042	9.10
8023	9.10	7981	9.26	9282	8.84	9193	9.14
8152	8.74	8065	9.34	9371	8.87	9331	9.16

Beobachtete visuelle Grenzen des Lichtwechsels: 8^m7 und 9^m6; Spektrum: unbekannt; Farbenindex: etwa $+1^m3$; galaktische Breite: $+72^0$; μ Cephei-Art (I, 23. F, a). Lichtkurve wie AD Cyg.

TZ Cassiopeiae

Die im Jahre 1911 von Miss L. D. Wells[34]) auf Harvard-Platten entdeckte Veränderlichkeit zwischen den photographischen Grenzen 11^m0 und 11^m7 wurde von M. Luizet[35]) visuell (9^m0 bis 9^m7) bestätigt. Luizet sowie später auch E. Zinner[36]) glaubten zunächst periodische Schwankungen von 365 bzw. 460 Tagen nachweisen zu können. Eine von E. Jost[37]) durchgeführte sorgfältige Überwachung des Sterns in den Jahren 1924—1926 ergab jedoch unperiodisch verlaufende Helligkeitsänderungen. Als besondere Eigentümlichkeit wurde festgestellt, daß einigen spitz geformten Maxima nach einem geringen Sinken der Helligkeit ein flacheres sekundäres Maximum im Abstand von etwa 60 Tagen folgt. E. Zinner konnte später[38]) auf 91 Bamberger Platten aus den Jahren 1929—1934 nur 1930 Dez. 20 und 23 eine größere Helligkeit als sonst beobachten. In der Zeit 1930 Okt. 27 bis 1939 Mai 29 wurden hier die folgenden 174 Helligkeitsschätzungen erhalten

Vergleichsterne

Bez.	BD-Nr.	photom. Gr.
TZ Cas	$+60^0$ 2634	var
c	$+60^0$ 2631	9^m48
a	$+60^0$ 2632	9.72
g	$+60^0$ 2635	10.07

[34]) Astron. Nachr. **190**.107 (1911). — [35]) Journ. Obs. **2**.19. — [36]) Erg.-Heft z. d. Astron. Nachr. **4**.C 18. — [37]) Astron. Nachr. **249**.177. — [38]) Astron. Nachr. **255**.96 (1934).

Beobachtungen

J.D. 242...	Gr.	J.D. 242...	Gr.	J.D. 242...	Gr.	J.D. 242...	Gr.	J.D. 242...	Gr.	J.D. 242...	Gr.
6277.34	$9^{m}39$	7137.32	$9^{m}05$	7319.37	$9^{m}98$	7628.43	$9^{m}63$	8083.30	$9^{m}46$	8801.37	$9^{m}96$
6609.42	9.27	7144.33	9.14	7321.38	9.87	7658.51	9.58	8121.44	9.60	8817.54	9.79
6946.50	9.29	7145.35	9.13	7325.38	9.88	7677.44	9.68	8122.44	9.53	8840.58	9.83
6979.37	9.29	7152.41	9.12	7326.36	9.84	7684.40	9.83	8180.39	9.56	8854.58	9.86
6984.53	9.09	7154.39	9.14	7333.40	9.83	7691.35	9.95	8187.50	9.68	8929.44	9.96
6986.57	9.17	7156.47	9.24	7336.40	9.79	7698.38	9.89	8204.43	9.81	8947.44	9.91
7039.42	9.19	7157.48	9.23	7342.31	9.83	7708.35	9.87	8229.28	9.53	8980.41	9.91
7040.41	9.09	7158.51	9.28	7343.35	9.83	7715.42	9.89	8247.34	9.62	8998.33	9.91
7041.22	9.09	7159.45	9.29	7344.33	9.82	7717.31	9.90	8268.34	9.58	9015.43	10.07
7042.23	9.04	7177.40	9.43	7359.29	9.78	7755.45	9.68	8304.53	9.60	9054.51	10.12
7052.45	9.03	7180.53	9.43	7372.32	9.82	7840.50	9.33	8328.49	9.60	9160.40	10.32
7055.43	9.13	7181.40	9.39	7483.35	9.43	7841.36	9.28	8338.44	9.53	9169.43	10.42
7060.44	9.28	7187.46	9.60	7506.36	9.36	7843.34	9.26	8390.38	9.83	9175.36	10.36
7061.33	9.18	7188.53	9.66	7512.31	9.28	7855.35	9.33	8409.35	9.89	9192.28	10.43
7063.46	9.23	7189.52	9.73	7530.46	9.23	7866.43	9.33	8423.42	10.12	9232.27	10.42
7065.31	9.13	7190.42	9.73	7531.41	9.28	7870.31	9.28	8429.40	10.19	9249.51	10.41
7068.36	9.16	7195.42	9.66	7532.45	9.23	7871.43	9.33	8453.30	10.07	9251.36	10.45
7070.46	9.18	7204.47	9.66	7535.44	9.23	7876.38	9.28	8489.43	9.89	9261.36	10.37
7073.21	9.16	7213.51	9.66	7543.40	9.38	7906.40	9.36	8505.41	9.78	9280.44	10.26
7078.29	9.18	7259.48	9.92	7546.43	9.33	7919.42	9.36	8518.43	9.63	9302.35	10.02
7082.39	9.18	7262.46	9.89	7554.39	9.33	7927.41	9.63	8522.38	9.63	9317.42	9.98
7087.40	9.18	7263.46	9.87	7562.40	9.33	7948.44	9.63	8571.44	9.82	9321.31	9.97
7093.60	9.18	7273.48	10.00	7567.44	9.38	7954.45	9.58	8601.36	9.87	9325.29	9.97
7094.28	9.08	7274.53	9.92	7575.48	9.36	7977.45	9.63	8623.47	9.94	9327.30	10.00
7097.47	9.08	7279.48	9.92	7578.45	9.28	7985.49	9.60	8656.37	9.73	9332.43	10.05
7124.29	9.08	7281.52	9.92	7589.47	9.40	8023.39	9.28	8678.48	9.79	9341.35	10.00
7131.31	9.13	7282.50	9.77	7599.47	9.33	8036.42	9.23	8752.53	10.01	9354.36	10.17
7132.31	9.09	7298.50	9.92	7605.50	9.33	8056.38	9.23	8769.37	9.94	9391.47	10.46
7133.29	9.06	7307.45	9.90	7618.43	9.36	8072.37	9.38	8778.35	9.93	9413.45	10.43

Der Lichtwechsel vollzog sich in den Jahren 1932—1937 in Schwankungen von $0^{m}9$ bis $0^{m}6$, deren Minima regellos in Abständen von etwa 500 bis 240 Tagen aufeinander folgten. Diese Hauptwellen sind von zahlreichen kürzeren, sekundären Ausbuchtungen und Buckeln überlagert und infolgedessen recht unregelmäßig geformt. Dabei fällt sehr deutlich das bereits von E. Jost erwähnte Auftreten eines sekundären Maximums auf, das anfangs dem Haupt-Maximum im Abstand von etwa 60 Tagen folgt, später jedoch auf größere Abstände verschoben ist, um sich von Anfang 1938 ab innerhalb der kürzeren Schwankungen von etwa 180 Tagen zu einem selbständigen Haupt-Maximum zu entwickeln. Besonders bemerkenswert ist ein beträchtliches Absinken der mittleren Helligkeit des Veränderlichen von $9^{m}45$ im Mai 1933 auf $10^{m}20$ im April 1939. Mit dieser stetigen Helligkeitsabnahme scheint eine Änderung des Gesamtlichtwechsels verknüpft zu sein, da am Ende des Beobachtungsabschnitts wesentlich kürzere Hauptwellen von 150 bis 190 Tagen mit einer kleineren Amplitude von etwa $0^{m}5$ auftreten. Im übrigen verlaufen die Helligkeitsänderungen unperiodisch.

Maxima J.D. 242...	Gr.	Minima J.D. 242...	Gr.	Maxima J.D. 242...	Gr.	Minima J.D. 242...	Gr.
7048	$8^{m}96$ spitz	—	—	8233	$9^{m}51$ flach	8203	$9^{m}81$ rund
(7109	9.00) sek. Max., rund			(8343	9.53) sek. Max., s. flach		
7531	9.24 flach	7290	$9^{m}94$ flach	8528	9.60 rund	8437	10.23 rund
(7588	9.30) sek. Max., s. flach			(8662	9.70) sek. Max., rund	(8625	9.94) flach
7825	9.25 flach ?	7695	9.93 rund	8827	9.70 rund	—	—
(7894	9.27) sek. Max., flach			—	—	9040	10.26 flach
8045	9.20 rund	7969	9.63 flach	9323	9.95 rund	9222	10.45 s. flach
(8159	9.44) sek. Max., flach			—	—	9401	10.47 rund

Unperiodischer Lichtwechsel vom BY Serpentis-Typ (I, 23. F, b); beobachtete Grenzen der visuellen Helligkeitsänderungen: $8^{m}95$ und $10^{m}5$; mittlere visuelle Amplitude: $0^{m}6$; Spektrum: M2; Farbenindex: $+2^{m}0$; galaktische Breite: -1^{0}. Lichtkurve s. Abb. 1.

WZ Cassiopeiae

Der schon seit 1873 vermutete Lichtwechsel des sehr roten Sterns BD $+59^{0}2810$ konnte zuerst von O. C. Wendell[39]) im Jahre 1920 mit visuellen Schwankungen zwischen $7^{m}26$ und $8^{m}48$ sicher

[39]) Harv. Ann. 69.122.

nachgewiesen werden. Seitdem sind zahlreiche Beobachtungen von E. Loreta[40]), Z. Kopal[41]) und E. Jost[42]) angestellt worden, die eine geringe und unregelmäßige Veränderlichkeit mit einer Maximal-Amplitude von etwa $1^{\mathrm{m}}0$ ergaben. Die im folgenden mitgeteilten 161 Beobachtungen erstrecken sich über den Zeitabschnitt 1930 Okt. 1 bis 1939 Mai 29.

Vergleichsterne

Bez.	BD-Nr.	photom. Gr.
WZ Cas	+ 59° 2810	var
a	+ 59° 2803	$7^{\mathrm{m}}82$
b	+ 59° 2806	8.43

Beobachtungen

J.D. 242...	Gr.	J.D. 242...	Gr.	J.D. 242...	Gr.	J.D. 242...	Gr.	J.D. 242...	Gr.	J.D. 242...	Gr.
6251.40	$8^{\mathrm{m}}05$	7133.29	$8^{\mathrm{m}}20$	7343.35	$7^{\mathrm{m}}82$	7698.38	$7^{\mathrm{m}}82$	8180.39	$7^{\mathrm{m}}70$	8817.53	$7^{\mathrm{m}}77$
6277.34	7.90	7137.32	8.23	7344.33	7.87	7708.35	7.82	8187.50	7.82	8840.58	7.82
6609.42	7.82	7144.34	8.18	7359.29	7.82	7715.42	7.72	8204.43	7.70	8854.58	7.77
6946.49	7.82	7145.35	8.19	7372.31	7.96	7717.31	7.92	8229.28	7.64	8929.44	7.72
6979.37	7.57	7152.41	8.12	7483.35	8.02	7755.45	8.00	8247.34	7.67	8947.44	7.67
6984.52	7.97	7177.40	8.24	7506.36	8.05	7840.50	7.72	8268.34	7.62	8980.40	7.64
6986.57	7.90	7180.53	8.19	7512.31	8.07	7841.36	7.67	8304.53	7.67	8998.33	7.70
7039.41	8.23	7181.39	8.12	7530.46	8.22	7843.34	7.67	8328.49	7.52	9015.43	7.70
7040.41	8.19	7187.45	8.06	7531.41	8.22	7855.34	7.67	8338.44	7.44	9054.51	7.72
7041.22	8.28	7195.42	8.04	7532.45	8.25	7866.43	7.72	8390.38	7.77	9160.39	7.72
7042.23	8.33	7204.47	8.00	7535.44	8.23	7870.31	7.72	8409.36	7.70	9169.43	7.82
7052.45	8.26	7213.51	7.99	7543.40	8.23	7871.43	7.82	8423.42	7.82	9175.36	7.82
7055.42	8.24	7259.48	7.82	7546.43	8.21	7876.38	7.82	8429.40	7.96	9192.28	7.87
7060.44	8.26	7262.46	7.64	7554.39	8.18	7906.39	7.77	8453.30	7.98	9232.26	7.87
7063.45	8.29	7263.46	7.60	7562.39	8.20	7919.42	7.77	8489.43	7.98	9249.50	7.96
7068.36	8.27	7273.48	7.54	7567.44	8.10	7927.41	7.70	8505.41	7.72	9251.36	7.96
7070.46	8.23	7274.54	7.52	7575.48	8.04	7948.44	7.67	8518.43	7.72	9261.36	7.96
7073.21	8.28	7279.48	7.57	7578.45	7.94	7954.45	7.62	8522.38	7.72	9302.35	7.82
7078.29	8.25	7281.52	7.62	7589.47	7.99	7977.45	7.57	8571.43	7.67	9321.31	7.72
7082.39	8.26	7298.50	7.60	7599.47	7.67	7985.49	7.67	8601.36	7.77	9325.29	7.67
7087.39	8.23	7307.44	7.72	7605.50	7.60	8023.39	7.67	8623.47	7.67	9327.30	7.67
7093.60	8.25	7321.38	7.74	7618.43	7.64	8036.42	7.82	8656.37	7.72	9332.43	7.67
7094.28	8.26	7325.38	7.67	7628.43	7.60	8056.37	7.77	8678.48	7.72	9341.34	7.70
7097.47	8.31	7326.36	7.80	7658.51	7.67	8072.37	7.87	8752.53	7.82	9354.36	7.62
7124.29	8.07	7333.40	7.95	7677.44	7.67	8083.29	7.94	8769.37	7.72	9391.47	7.77
7131.30	8.23	7336.40	7.74	7684.40	7.62	8121.44	7.87	8778.35	7.77	9413.44	7.72
7132.31	8.19	7342.31	7.87	7691.35	7.72	8122.44	7.82	8801.37	7.82		

Die aus den Beobachtungen gezeichnete Lichtkurve verläuft in sehr unregelmäßig geformten, langgestreckten Schwankungen, die stellenweise von kurzen sekundären Wellen und Höckern überlagert sind. Die Helligkeitsamplitude nimmt in den Jahren 1932—1936 von etwa $0^{\mathrm{m}}75$ auf $0^{\mathrm{m}}4$ ab. Zwischen 1936 Dez. und 1938 Sept. sind nur geringe, regellose Änderungen von kaum $0^{\mathrm{m}}2$ um die Helligkeit $7^{\mathrm{m}}75$ zu bemerken. Später treten wieder lebhaftere Schwankungen im Umfange von etwa $0^{\mathrm{m}}3$ auf. Meistens sind die Maxima besser ausgeprägt als die Minima. Sie folgen einander in Abständen von 115 bis zu etwa 470 Tagen. Außerdem scheint auch die mittlere Helligkeit des Sterns in etwa 5000- bis 6000tägigen Wellen von $0^{\mathrm{m}}3$ veränderlich zu sein.

	Maxima		Minima			Maxima		Minima	
J.D. 242	6963	$7^{\mathrm{m}}63$	—	—	J.D. 242	7971	$7^{\mathrm{m}}59$	7893	$7^{\mathrm{m}}82$
	7269	7.50	7070	$8^{\mathrm{m}}26$		8346	7.42	8094	7.95
	7616	7.58	7539	8.24		8560:	7.66	8466	8.05
	7678	7.65	—	—		8975	7.63	8810:	7.81
	7852	7.64	7778	8.04		9351	7.65	9252	7.96

Beobachtete Grenzen des visuellen Lichtwechsels: $7^{\mathrm{m}}4$ und $8^{\mathrm{m}}3$; mittlere visuelle Amplitude: $0^{\mathrm{m}}5$; Spektrum: C9; galaktische Breite: -2^{0}; μ Cephei-Art (I, 23. F, a). Lichtkurve wie TU Gem.

CQ Cassiopeiae

Der Lichtwechsel des bereits im Jahre 1904 von F. Krüger[43]) mit visuellen Helligkeitsschwankungen zwischen $8^{\mathrm{m}}5$ und $9^{\mathrm{m}}3$ entdeckten Veränderlichen wurde 1933 unabhängig von O. Morgenroth[44]) auf Sonneberger Platten mit photographischen Schwankungen zwischen $10^{\mathrm{m}}5$ und $11^{\mathrm{m}}5$ bemerkt und damit bestätigt. Nach einer Mitteilung von P. Parenago[45]), der den Stern auf 20 Moskauer Platten

[40]) Beob.-Zirk. **22**.23, 67, 78 u. **23**.8, 106. — [41]) Beob.-Zirk. **13**.27. — [42]) Astron. Nachr. **249**.180. — [43]) Spec. Vatican. **7**.127. — [44]) Astron. Nachr. **249**.383 (1933). — [45]) NNVS **4**.360 (1934).

schätzte, liegen die photographischen Grenzen bei $11^{\mathrm{m}}7$ und $12^{\mathrm{m}}7$, woraus er den sehr großen, aber unsicheren Farbenindex von $+3^{\mathrm{m}}6$ ableitet. M. ZVEREV[46]) bestimmte aus 25 Beobachtungen zwischen 1937 April und November eine Helligkeitsamplitude von etwa $0^{\mathrm{m}}7$ mit einem Minimum Anfang August 1937 und einem Maximum im November 1937. In der Zeit 1934 Juni 13 bis 1939 Mai 29 wurden hier die folgenden 85 Beobachtungen erhalten.

Vergleichsterne

Bez.	BD-Nr. bzw. Ort 1855.0	photom. Gr.
CQ Cas	+ 62° 461	var
a	+ 62° 459	$9^{\mathrm{m}}76$
b	+ 62° 464	10.24
c	+ 62° 462	10.54
d	2h $36^{\mathrm{m}}5$ + 62° 34′	11.20
g	2 34.7 + 62 22	11.56

Beobachtungen

J.D. 242...	Gr.	J.D. 242...	Gr.	J.D. 242...	Gr.	J.D. 242...	Gr.	J.D. 242...	Gr.	J.D. 242...	Gr.
7602.52	$10^{\mathrm{m}}00$	7860.43	$10^{\mathrm{m}}34$	8036.41	$10^{\mathrm{m}}92$	8282.42	$10^{\mathrm{m}}98$	8655.38	$10^{\mathrm{m}}60$	9157.35	$10^{\mathrm{m}}50$
7605.49	9.99	7866.44	10.44	8049.45	10.98	8291.40	11.01	8678.49	10.67	9169.48	10.59
7628.50	10.04	7870.32	10.41	8056.40	11.01	8306.43	11.06	8752.53	11.07	9193.38	10.67
7661.45	10.31	7871.44	10.44	8072.39	11.00	8328.49	11.42	8765.49	11.07	9232.25	10.40
7677.45	10.16	7875.42	10.43	8083.29	11.02	8390.39	11.03	8778.36	11.07	9245.23	10.39
7685.46	10.42	7906.39	10.81	8095.32	11.02	8409.38	11.07	8790.31	11.05	9251.36	10.39
7689.53	10.41	7919.42	10.95	8114.23	11.05	8423.43	11.07	8818.44	10.65	9262.26	10.35
7693.48	10.45	7927.37	10.86	8140.42	11.07	8429.41	11.05	8840.59	10.65	9302.36	10.59
7708.42	10.36	7948.44	10.98	8164.27	11.35	8484.42	11.05	8854.58	10.50	9321.31	10.53
7717.31	10.40	7952.44	11.00	8180.38	11.35	8512.23	10.74	8923.40	10.54	9325.29	10.52
7740.25	10.54	7962.47	11.00	8204.44	11.26	8518.43	10.81	8947.46	10.59	9329.38	10.47
7781.43	10.33	7977.45	10.98	8229.29	11.01	8571.44	11.03	8980.40	10.82	9341.35	10.49
7841.37	10.31	7985.48	10.93	8244.33	10.87	8601.36	11.06	9015.42	10.66	9354.35	10.45
7843.35	10.28	8020.55	10.95	8268.35	11.03	8623.47	11.12	9062.45	10.44	9365.50	10.37
										9413.45	10.41

In der Lichtkurve (s. Abb. 1, S. 68) überlagern sich zwei sehr verschieden geformte, aber ziemlich glatte Wellenzüge. Zunächst sind sehr langsam verlaufende Schwankungen der mittleren Helligkeit des Sterns mit einer Amplitude von mindestens $1^{\mathrm{m}}1$ vorhanden. Diese langgestreckte und etwa 2300 Tage oder 6.3 Jahre umspannende Welle konnte innerhalb der 5jährigen Überwachungszeit nicht in ihrer ganzen Länge erfaßt werden. Zu Beginn der Beobachtung sinkt die mittlere Helligkeit von ihrem anscheinend größten Wert $10^{\mathrm{m}}25$ in sehr glatter Kurve ins Minimum $11^{\mathrm{m}}3$ (J.D. 242 8310), um dann in entsprechender Weise wieder anzusteigen. Am Schluß der Beobachtung (J.D. 242 9413) war mit $10^{\mathrm{m}}4$ das Maximum noch nicht wieder erreicht. Diese Änderungen der mittleren Helligkeit sind von kürzeren und recht lebhaften Schwankungen mit Längen von etwa 110 bis 250 Tagen und Amplituden von $0^{\mathrm{m}}3$ bis $0^{\mathrm{m}}7$ überlagert. Im allgemeinen handelt es sich auch hier um recht glatte Wellen, von denen die längeren zuweilen durch eine Einsenkung ihrer breiten Maxima Anzeichen für das Vorhandensein einer Doppelschwingung erkennen lassen. An einzelnen Stellen der Lichtkurve sind kurze Störungen geringen Umfanges angedeutet, deren Realität jedoch angesichts der schwierigen Beobachtung des stark gefärbten Sterns nicht gesichert ist. Irgendwelche Gesetzmäßigkeiten des Lichtwechsels sind nicht nachzuweisen.

Maxima		Minima		Maxima		Minima	
J.D. 242 7608:	$9^{\mathrm{m}}99$			J.D. 242 8662	$10^{\mathrm{m}}58$	8609	$11^{\mathrm{m}}14$
7816	10.22	7733	$10^{\mathrm{m}}51$	8890	10.48	8764	11.10
8007	10.87	7960	11.01	9103:	10.4:	8986	10.82
8256	10.88	8177	11.37	9256	10.34	9195	10.68
8404	11.00	8346	11.53	9389	10.31	9307	10.60
8513	10.75	8461:	11.2:				

Beobachtete Grenzen des visuellen Lichtwechsels: $10^{\mathrm{m}}0$ und $11^{\mathrm{m}}5$; mittlere visuelle Amplitude der kurzen Wellen: $0^{\mathrm{m}}5$; Spektrum: unbekannt; galaktische Breite: $+4^{0}$; μ Cephei-Art (I, 23. F, a). Lichtkurve s. Abb. 1.

SVS 344 Cassiopeiae

Im Jahre 1932 zeigte I. LEHMANN-BALANOWSKI[47]) die Veränderlichkeit des weißen Sterns BD + 67°168 (Spektrum A0) zwischen den Grenzen $7^{\mathrm{m}}1$ und $7^{\mathrm{m}}7$ an. In der Zeit 1934 Aug. 11 bis 1939 Mai 29 wurden hier die folgenden 60 Helligkeitsschätzungen des Sterns erhalten.

Vergleichsterne

Bez.	BD-Nr.	photom. Gr.
SVS 344 Cas	+ 67° 168	var
a	+ 68° 125	$7^{\mathrm{m}}28$
b	+ 68° 134	7.55
c	+ 68° 122	7.81

[46]) NNVS 5.193 (1938). — [47]) Pulkowo Bull. 113.35 (1932).

Beobachtungen

J.D. 242...	Gr.	J.D. 242...	Gr.	J.D. 242...	Gr.	J.D. 242...	Gr.	J.D. 242...	Gr.	J.D. 242...	Gr.
7661.46	7^m40	7919.43	7^m33	8229.29	7^m44	8489.43	7^m40	8801.34	7^m41	9235.35	7^m50
7687.46	7.35	7951.45	7.61	8247.34	7.48	8505.40	7.37	8817.53	7.35	9249.52	7.55
7694.39	7.41	7987.45	7.64	8268.31	7.46	8518.43	7.43	8840.59	7.44	9279.26	7.45
7710.43	7.42	8023.53	7.48	8306.43	7.69	8578.41	7.41	8854.59	7.41	9302.36	7.46
7717.30	7.28	8056.38	7.43	8328.50	7.48	8601.37	7.61	8929.45	7.57	9321.31	7.55
7841.37	7.50	8072.37	7.41	8390.42	7.50	8623.58	7.59	8948.47	7.60	9325.30	7.57
7843.29	7.67	8114.23	7.44	8396.55	7.43	8656.37	7.50	8993.45	7.55	9328.31	7.55
7866.44	7.44	8180.49	7.47	8409.49	7.41	8679.42	7.60	9020.42	7.50	9341.35	7.55
7870.34	7.44	8187.33	7.45	8421.33	7.37	8751.44	7.47	9169.43	7.44	9354.36	7.55
7875.47	7.41	8205.31	7.37	8428.43	7.43	8777.53	7.48	9193.39	7.48	9413.46	7.43

Die Helligkeit des Sterns schwankt in langgestreckten, glatten Wellen von sehr geringer Höhe zwischen den visuellen Grenzen 7^m3 und 7^m7. Die Zwischenzeiten der schlecht bestimmbaren, flachen Hauptphasen liegen zwischen 140 und 200 Tagen.

	Maxima		Minima			Maxima		Minima	
J.D. 242	7713	7^m34	—	—	J.D. 242	—	—	8306	7^m70
	7908	7.28	7820	7^m61		8819	7^m36	8612	7.65
	8069	7.40	7974	7.66		—	—	8952	7.60
	8212	7.38	8156	7.51		—	—	9334	7.58

Unperiodischer Lichtwechsel vom X Persei-Typ (I, 21. L, b); Spektrum: Ao; galaktische Breite: $+ 6^0$.

RX Cephei

Der seit 1881 bekannte Veränderliche ist bereits mehrfach untersucht worden. In den Jahren 1907/08 fand F. DE ROY[48]) einen unregelmäßigen Lichtwechsel zwischen den Grenzen 7^m44 und 7^m86. Die Maxima und Minima schienen in Abständen von rund 130 Tagen aufeinander zu folgen. Spätere Beobachtungen von P. PARENAGO[49]) deuteten periodische Helligkeitsänderungen an, für die im Jahre 1926 die Elemente: Max. = J.D. 242 3643.5 + $58^d40 \cdot E$ veröffentlicht wurden. Eine Reihe von 93 Beobachtungen zwischen J.D. 241 9348 und 242 3569 von E. JOST[50]) ergab geringe Schwankungen von etwa 0^m4, die mit den vorgenannten Elementen von PARENAGO unvereinbar sind. In der Zeit 1932 Nov. 25 bis 1936 Aug. 29 wurden hier die folgenden 123 Helligkeitsschätzungen erhalten.

Vergleichsterne

Bez.	BD-Nr.	photom. Gr.
RX Cep	$+ 81^0$ 17	var
w	$+ 79^0$ 24	6^m64
f	$+ 80^0$ 34	7.89
g	$+ 80^0$ 10	7.93
e	$+ 82^0$ 23	8.13

Beobachtungen

J.D. 242...	Gr.	J.D. 242...	Gr.	J.D. 242...	Gr.	J.D. 242...	Gr.	J.D. 242...	Gr.	J.D. 242...	Gr.
7037.43	7^m65	7097.43	7^m45	7195.43	7^m56	7384.43	7^m65	7627.53	7^m67	7899.52	7^m60
7040.43	7.98	7118.47	7.51	7204.48	7.55	7483.30	7.54	7657.51	7.63	7906.45	7.56
7041.20	7.84	7124.45	7.56	7213.39	7.60	7484.46	7.57	7663.47	7.53	7919.43	7.54
7042.43	7.83	7131.36	7.48	7214.48	7.53	7506.41	7.59	7669.44	7.59	7926.38	7.56
7043.43	7.69	7132.41	7.48	7259.50	7.63	7512.36	7.63	7677.45	7.67	7954.47	7.71
7055.44	7.73	7137.30	7.45	7262.50	7.63	7530.41	7.56	7684.52	7.65	7987.45	7.71
7058.41	7.80	7144.36	7.57	7271.41	7.67	7531.36	7.60	7689.48	7.59	7997.38	7.65
7059.49	7.69	7145.33	7.51	7274.47	7.63	7533.33	7.61	7692.48	7.67	8025.53	7.65
7060.48	7.73	7152.44	7.51	7277.41	7.69	7535.35	7.58	7698.35	7.67	8037.44	7.71
7061.30	7.63	7153.36	7.50	7280.50	7.63	7543.41	7.60	7709.28	7.65	8041.35	7.63
7062.24	7.69	7154.37	7.53	7281.42	7.63	7554.41	7.60	7717.52	7.59	8072.43	7.63
7063.27	7.68	7155.40	7.53	7298.48	7.70	7559.38	7.63	7728.52	7.63	8081.47	7.68
7068.31	7.73	7157.39	7.53	7307.51	7.59	7562.43	7.60	7739.45	7.70	8183.21	7.53
7070.47	7.69	7158.37	7.53	7321.42	7.70	7567.45	7.58	7765.39	7.61	8205.48	7.61
7073.21	7.64	7163.38	7.55	7325.44	7.64	7572.38	7.63	7841.40	7.60	8247.35	7.61
7078.34	7.78	7171.42	7.57	7326.34	7.59	7578.46	7.62	7843.29	7.63	8268.35	7.51
7082.39	7.73	7176.37	7.58	7333.47	7.65	7589.42	7.60	7855.27	7.71	8306.50	7.65
7083.20	7.78	7180.34	7.58	7335.50	7.63	7600.43	7.66	7858.42	7.63	8410.37	7.67
7087.29	7.62	7181.33	7.57	7342.34	7.63	7601.48	7.67	7865.41	7.60		
7093.21	7.73	7187.47	7.54	7343.46	7.63	7605.43	7.63	7870.34	7.60		
7095.36	7.39	7189.34	7.52	7359.32	7.67	7611.46	7.60	7875.47	7.60		

[48]) Gaz. Astron. I, 94. — [49]) Bull. Obs. Corp. Moskau Nr. 7. — [50]) Astron. Nachr. **249**.184 (1933).

Die Helligkeit schwankt kaum merklich und unregelmäßig zwischen den Grenzen $7^{m}5$ und $7^{m}8$. Meistens liegt sie bei $7^{m}6$. In einzelnen Abschnitten folgen die schlecht bestimmbaren Maxima in Abständen von 50 Tagen aufeinander. Eine Periodizität ist aber nicht vorhanden.

Spektrum: G7; galaktische Breite: $+19^{0}$; RW Aurigae-Art? (I, 22. G, a?).

ST Cephei

Der im Jahre 1910 von Miss LELAND[51]) auf Harvard-Platten entdeckte Lichtwechsel dieses Sterns soll nach M. LUIZET[52]) und L. CASTEELS[53]) langsam und unperiodisch oder mit einer Periode von mehr als 16 Monaten verlaufen. C. HOFFMEISTER[55]) fand in den Jahren 1915—1918 gleichfalls völlig regellose Helligkeitsänderungen in langgestreckten, glatten Wellen zwischen den visuellen Grenzen $8^{m}0$ und $8^{m}5$. Diese Beobachtungen stehen in Übereinstimmung mit den Ergebnissen einer Untersuchung auf 125 Bamberger Ernostarplatten aus der Zeit J.D. 242 5586—9054, die nach S. BÖHME[54]) langsam verlaufende und unperiodische Helligkeitsschwankungen zwischen den photographischen Grenzen $10^{m}7$ und $11^{m}8$ ergab. Die im folgenden mitgeteilten 133 visuellen Beobachtungen zwischen 1930 Sept. 26 und 1939 Sept. 12 wurden gleichzeitig mit den Bamberger Aufnahmen erhalten und ergänzen somit die photographischen Untersuchungen.

Vergleichsterne

Bez.	BD-Nr.	photom. Gr.
ST Cep	$+56^{0}$ 2793	var
a	$+56^{0}$ 2795	$8^{m}07$
b	$+56^{0}$ 2787	8.52
c	$+56^{0}$ 2799	8.76

Beobachtungen

J.D. 242...	Gr.	J.D. 242...	Gr.	J.D. 242...	Gr.	J.D. 242...	Gr.	J.D. 242...	Gr.	J.D. 242...	Gr.
6246.35	$8^{m}12$	6944.43	$8^{m}54$	7094.31	$8^{m}65$	7359.30	$8^{m}88$	7781.42	$8^{m}50$	8655.56	$8^{m}41$
6251.45	8.25	6948.45	8.52	7097.49	8.70	7384.39	8.60	7832.35	8.52	8678.48	8.42
6264.41	8.26	6956.44	8.57	7124.48	8.62	7481.33	8.50	7841.30	8.64	8777.55	8.76
6275.45	8.25	6967.46	8.62	7132.45	8.69	7483.29	8.57	7860.50	8.52	8807.46	8.78
6277.39	8.22	6972.48	8.60	7144.44	8.52	7506.43	8.64	7875.47	8.52	8840.60	8.57
6281.37	8.23	6976.46	8.60	7153.40	8.57	7531.42	8.79	7906.51	8.52	8929.50	8.36
6298.39	8.22	6979.36	8.62	7159.46	8.47	7532.49	8.81	7951.46	8.52	8993.45	8.32
6367.23	8.21	6980.37	8.67	7177.45	8.62	7535.43	8.79	7985.47	8.57	9018.44	8.29
6433.38	8.04	6984.51	8.67	7180.48	8.58	7543.45	8.76	8023.42	8.57	9045.47	8.28
6440.41	8.18	6986.58	8.72	7187.46	8.54	7555.38	8.72	8069.47	8.62	9160.45	8.15
6456.41	8.20	7008.27	8.88	7195.42	8.52	7567.49	8.79	8181.41	8.52	9169.49	8.07
6475.45	8.34	7026.34	8.77	7213.53	8.52	7589.46	8.68	8205.45	8.42	9193.38	8.15
6485.45	8.33	7030.30	8.87	7260.49	8.52	7600.45	8.65	8247.31	8.37	9235.35	8.18
6580.38	8.24	7037.37	8.82	7262.49	8.57	7612.49	8.70	8268.42	8.34	9249.49	8.22
6582.44	8.24	7040.28	8.88	7274.48	8.52	7628.43	8.60	8306.45	8.36	9302.30	8.34
6584.47	8.24	7042.28	8.91	7279.46	8.52	7658.51	8.52	8338.50	8.37	9321.43	8.27
6586.43	8.24	7052.44	8.84	7281.51	8.57	7677.37	8.46	8391.50	8.46	9326.29	8.32
6595.53	8.24	7055.26	8.86	7298.48	8.73	7685.53	8.44	8410.34	8.41	9341.36	8.33
6604.49	8.26	7060.40	8.83	7307.46	8.68	7696.50	8.47	8423.40	8.43	9365.49	8.37
6608.45	8.25	7065.30	8.81	7324.32	8.84	7709.30	8.50	8474.47	8.34	9391.50	8.35
6626.42	8.26	7075.31	8.84	7332.60	8.76	7715.50	8.42	8518.48	8.24	9404.49	8.35
6930.47	8.41	7083.26	8.75	7339.51	8.72	7739.45	8.47	8623.55	8.46	9414.45	8.31
										9519.48	8.23

Die visuellen Beobachtungen bestätigen die obigen Ergebnisse. Trotz der störenden Färbung des Veränderlichen streuen die Einzelbeobachtungen nur wenig um die langgestreckten, niedrigen Wellen der Lichtkurve, deren Achse in den Jahren 1930—1939 langsam von $8^{m}7$ auf $8^{m}3$ ansteigt. Sowohl die Gestalt als auch die Längen der Einzelwellen (180 bis 650 Tage) sind sehr verschieden und lassen keine Anzeichen einer Gesetzmäßigkeit des Lichtwechsels erkennen. Infolge der äußerst flachen Form sämtlicher Maxima und Minima sind die im folgenden gegebenen Epochen etwas unsicher.

[51]) Astron. Nachr. **184**.7 (1910). — [52]) Astron. Nachr. **190**.430 (1912). — [53]) Ann. Obs. Belg. (2) **13**.132. — [54]) Astron. Nachr. **268**.71. — [55]) Manuskr. Sonneberg.

Maxima		Minima		Maxima		Minima	
—	—	J.D. 242 6500	$8^{m}38$**)				
J.D. 242 6433	$8^{m}08$	—	—	J.D. 242 7911	$8^{m}51$	J.D. 242 7828	$8^{m}60$**)
7215	8.52*)	7027	8.88	8276	8.34	8097	8.64
7422:	8.35:	7352	8.82	8525	8.23	8394	8.45**)
7688	8.44	7535	8.80	9174	8.10	8799	8.80

*) von 7150—7280 konstant $8^{m}52$ — **) schlecht ausgeprägte Minima.

Beobachtete Grenzen des visuellen Lichtwechsels: $8^{m}1$ und $8^{m}9$; mittlere visuelle Amplitude $0^{m}45$; Spektrum: Mo; galaktische Breite: -1^{0}; μ Cephei-Art (I, 23. F, a). Lichtkurve wie TV Gem.

SY Cephei

Nach Gesch. u. Lit. Veränd. Sterne I, **2**.358 soll der von C. R. d'Esterre entdeckte Veränderliche zwischen 1911 Okt. und 1912 Juni regellose Helligkeitsschwankungen zwischen den visuellen Grenzen $10^{m}3$ und $11^{m}6$ gezeigt haben, die auf Harvard-Platten bestätigt werden konnten. Spätere Beobachtungen von C. Hoffmeister aus den Jahren 1915—1928 ergaben einen nur äußerst geringen Lichtwechsel innerhalb $0^{m}3$ und sprechen nach seiner Ansicht eher gegen als für die Veränderlichkeit. In der Zeit 1932 Nov. 30 bis 1939 Mai 29 wurden hier die folgenden 82 Beobachtungen gewonnen. Infolge der Lichtschwäche des Objekts (im Mittel etwa $12^{m}0$) und der engen Nachbarschaft von mehreren gleichhellen Sternen war die Identifizierung anfangs schwierig. 10 Beobachtungen 1932 Aug. 10 bis Nov. 29 beziehen sich möglicherweise auf einen falschen Stern und wurden deshalb gestrichen.

Vergleichsterne

Bez.	Ort 1855.0	photom. Gr.
SY Cep	$22^{h}\ 8^{m}\ 56^{s}$ $+61^{0}\ 48'.6$	var
m	22 9 3 +61 47.3	10.39
n	22 8 47 +61 48.8	11.01
o	22 8 56 +61 47.0	11.49
r	22 8 52 +61 46.7	11.73
s	22 8 49 +61 51.5	12.36

Beobachtungen

J.D. 242...	Gr.	J.D. 242...	Gr.	J.D. 242...	Gr.	J.D. 242...	Gr.	J.D. 242...	Gr.	J.D. 242...	Gr.
7042.28	$11^{m}80$	7506.43	$11^{m}85$	7589.46	$11^{m}94$	7919.49	$11^{m}99$	8410.34	$12^{m}18$	8840.60	$12^{m}12$
7060.47	11.91	7512.40	11.73	7599.47	11.94	7927.42	11.94	8423.40	12.46	8950.45	12.15
7095.44	11.80	7513.43	11.89	7605.48	12.04	7951.46	12.07	8424.52	12.21	9018.45	12.19:
7124.48	11.91	7531.37	11.85	7612.50	11.99	7985.47	12.12	8484.40	12.10	9020.44	12.15
7153.40	12.01	7532.45	11.85	7623.51	12.06	8023.42	12.01	8506.30	12.14	9160.48	12.17
7180.48	11.94	7535.43	11.92	7661.46	11.89	8072.35	12.06	8518.48	12.10	9193.37	12.17
7274.48	11.89	7543.45	11.92	7685.53	11.99	8181.41	12.11	8523.37	12.13	9249.50	12.15:
7279.46	12.04	7546.42	11.89	7691.36	11.99	8188.36	12.13	8623.58	12.30	9250.36	12.14
7298.48	11.89	7555.36	12.00	7696.50	11.99	8205.45	12.12	8655.56	12.20	9321.44	12.15
7324.32	12.25	7559.45	12.00	7709.51	11.99	8247.32	12.07	8679.42	12.14	9341.36	12.15
7343.45	12.04	7562.38	12.04	7765.38	12.04	8268.36	12.19	8695.45	12.25	9365.51	12.13
7345.31	11.99	7567.43	11.94	7841.30	11.94	8305.51	12.15	8758.52	12.17	9413.45	12.11
7359.30	12.10	7572.39	12.00	7860.50	12.04	8338.49	12.20	8777.55	12.15		
7483.29	11.89	7578.43	11.99	7870.50	11.94	8391.49	12.17	8817.49	12.08		

Auch in den Jahren 1932—1939 fanden keine größeren Helligkeitsänderungen in dem von d'Esterre beobachteten Umfange statt. Dagegen sind die von C. Hoffmeister gefundenen geringen Schwankungen wahrscheinlich als reell zu betrachten. Die vorstehenden Beobachtungen ergeben gleichfalls einen sehr geringen, aber deutlich nachweisbaren Lichtwechsel zwischen den visuellen Grenzen $11^{m}8$ und $12^{m}3$. Die Helligkeitsänderungen verlaufen sehr verschiedenartig in Höckern, Sprüngen und Wellen mit Höhen von $0^{m}1$ bis $0^{m}2$, sehr selten auch bis $0^{m}3$. Zeitweilig treten Stufen mit konstantem Licht auf. Während des 7jährigen Beobachtungsabschnitts sank die mittlere Helligkeit des Sterns von $11^{m}9$ auf $12^{m}2$. Die neuen Beobachtungen stützen den Vorschlag von H. Ludendorff[56]), den Stern in die Gruppe der R CrB-Sterne einzureihen.

Beobachtete Grenzen des visuellen Lichtwechsels: $11^{m}8$ und $12^{m}3$; Spektrum: unbekannt; galaktische Breite: $+5^{0}$; R CrB-Art (I, 22. H, a).

[56]) Astron. Nachr. **209**.281 (1919).

VZ Cephei

Bei dem von H. SCHNELLER[57]) im Jahre 1928 auf Babelsberger Platten entdeckten Veränderlichen glaubte W. ZESSEWITSCH[58]) einen δ Cephei-Lichtwechsel mit einer Periode von etwa 30 Tagen nachweisen zu können. Weitere Beobachtungen sind bislang nicht bekannt geworden. In der Zeit 1929 Febr. 19 bis 1937 Nov. 2 wurden hier die folgenden 163 Helligkeitsschätzungen erhalten.

Vergleichsterne

Bez.	BD-Nr. bzw. Ort 1855.0	photom. Gr.
VZ Cep	$+70^0$ 1199	var
b	$+70^0$ 1200	9^m64
c	$21^h\ 48^m7\ +70^0\ 51'$	10.01

Beobachtungen

J.D. 242...	Gr.	J.D. 242...	Gr.	J.D. 242...	Gr.	J.D. 242...	Gr.	J.D. 242...	Gr.	J.D. 242...	Gr.
5662.387	9^m54	5829.411	9^m49	6368.410	9^m59	7159.474	9^m56	7543.445	9^m46	8249.326	9^m46
5663.390	9.54	5837.400	9.64	6433.386	9.54	7177.460	9.52	7546.438	9.52	8254.328	9.49
5670.496	9.59	5842.403	9.59	6440.415	9.59	7180.485	9.54	7555.379	9.59	8267.362	9.44
5672.432	9.52	5850.362	9.54	6456.415	9.56	7185.555	9.54	7567.489	9.79	8268.355	9.44
5686.372	9.46	5854.358	9.49	6475.433	9.54	7187.465	9.62	7569.467	9.64	8271.527	9.54
5687.438	9.49	5861.375	9.59	6485.457	9.59	7188.507	9.59	7576.421	9.59	8272.378	9.49
5689.319	9.44	5873.318	9.59	6609.336	9.54	7195.414	9.49	7577.494	9.54	8278.406	9.52
5698.451	9.44	5883.289	9.59	6947.483	9.59	7204.476	9.49	7589.458	9.64	8282.360	9.54
5699.434	9.44	5892.428	9.64	6976.488	9.54	7213.393	9.52	7600.456	9.59	8290.409	9.54
5707.406	9.49	5922.302	9.59	6980.397	9.59	7274.483	9.52	7685.534	9.52	8291.431	9.54
5714.406	9.56	5928.356	9.59	6984.519	9.56	7279.484	9.59	7691.362	9.54	8305.554	9.52
5715.371	9.52	5936.413	9.59	6986.597	9.62	7281.509	9.56	7765.420	9.54	8306.501	9.54
5718.422	9.54	5939.411	9.59	7030.383	9.54	7298.483	9.64	7841.433	9.52	8328.479	9.54
5721.379	9.54	5963.342	9.59	7043.376	9.59	7324.322	9.79	7860.442	9.39	8391.497	9.64
5723.419	9.52	5964.244	9.59	7060.459	9.54	7332.599	9.59	8072.434	9.54	8410.349	9.64
5730.442	9.56	5984.335	9.62	7082.467	9.52	7333.477	9.59	8183.427	9.54	8423.421	9.73
5734.415	9.59	6016.242	9.59	7087.479	9.52	7339.516	9.54	8205.340	9.78	8424.492	9.75
5738.402	9.54	6025.429	9.54	7094.404	9.49	7352.442	9.59	8205.354	9.76	8428.381	9.74
5739.387	9.59	6026.370	9.52	7095.439	9.49	7359.496	9.59	8205.444	9.62	8429.456	9.75
5742.401	9.59	6066.446	9.54	7097.332	9.52	7384.394	9.52	8205.492	9.59	8435.440	9.61
5751.433	9.52	6110.449	9.54	7124.447	9.49	7481.390	9.52	8206.262	9.62	8493.412	9.54
5753.444	9.59	6112.490	9.54	7137.353	9.54	7483.294	9.49	8206.495	9.64	8506.336	9.64
5754.429	9.59	6129.435	9.59	7144.415	9.44	7512.336	9.52	8206.560	9.62	8518.467	9.59
5758.454	9.59	6127.421	9.62	7145.358	9.44	7530.490	9.49	8209.349	9.59	8571.536	9.56
5773.494	9.54	6214.404	9.59	7153.397	9.49	7532.483	9.42	8247.371	9.54	8657.435	9.69
5774.449	9.49	6264.410	9.59	7154.415	9.46	7534.406	9.49	8248.301	9.52	8678.475	9.64
5780.444	9.49	6277.410	9.56	7157.480	9.59	7536.413	9.59	8248.512	9.54	8817.581	9.59
										8840.604	9.59

Die beobachteten Helligkeiten liegen mit wenigen Ausnahmen zwischen den Grenzen 9^m45 und 9^m65. Besondere Lichtschwächungen wurden nur J.D. 242 7324.32 und 7567.49 mit je 9^m79 festgestellt. J.D. 242 8205.340—8205.492 stieg die Helligkeit innerhalb von 3½ Stunden von 9^m78 auf 9^m59 an. In der Zeit J.D. 242 8423—8429 verharrte das Licht mindestens eine Woche lang in der Helligkeit 9^m75.

Normalhelligkeit: 9^m55; in unregelmäßiger Folge treten geringe Lichtschwächungen von zumeist kurzer Dauer auf. Grenzen des beobachteten visuellen Lichtwechsels: 9^m4 und 9^m8; Spektrum: G0; galaktische Breite: $+14^0$; BO Cephei-Art (I, 22. G, c).

8.1935 Comae Berenices

Über den im Jahre 1934 von C. HOFFMEISTER[59]) auf Sonneberger Platten entdeckten Veränderlichen sind bisher keine anderweitigen Beobachtungen bekannt geworden. Die im folgenden mitgeteilten 66 Helligkeitsschätzungen wurden hier zwischen 1935 Febr. 24 und 1939 Juni 10 angestellt.

Vergleichsterne

Bez.	BD-Nr.	photom. Gr.
8.1935 Com	$+22^0$ 2460	var
a	$+22^0$ 2461	9^m17
b	$+22^0$ 2456	9.42
d	$+23^0$ 2443	10.01
g	$+22^0$ 2458	10.25

[57]) Astron. Nachr. **233**.41 (1928). — [58]) NNVS **1**.5 (1928). — [59]) Astron. Nachr. **255**.401 (1935).

Beobachtungen

J.D. 242...	Gr.	J.D. 242...	Gr.	J.D. 242...	Gr.	J.D. 242...	Gr.	J.D. 242...	Gr.	J.D. 242...	Gr.
7858.43	9^m59	7916.43	9^m77	8228.43	9^m88	8601.43	9^m83	9018.39	9^m86	9344.38	10^m01
7860.47	9.64	7925.40	9.62	8244.46	9.75	8623.50	9.86	9038.41	9.74	9346.46	10.01
7866.48	9.57	7926.41	9.71	8247.38	9.75	8637.46	9.84	9250.54	9.81	9354.41	9.92
7867.42	9.62	7928.43	9.56	8267.43	9.71	8677.43	9.96	9289.53	9.87	9364.45	9.81
7868.35	9.62	7945.40	9.67	8273.38	9.66	8854.70	9.83	9293.52	10.01	9366.41	9.82
7870.46	9.48	7951.42	9.80	8305.49	9.63	8926.52	9.91	9315.42	9.90	9371.39	9.83
7871.46	9.64	7960.45	9.68	8325.44	9.83	8938.49	10.01	9322.44	9.83	9379.45	9.81
7875.45	9.63	8180.53	9.76	8518.51	10.01	8948.51	9.88	9325.38	9.84	9389.44	9.90
7899.50	9.74	8187.52	9.84	8523.51	9.97	8979.45	9.75	9332.40	9.87	9404.42	10.01
7906.43	9.62	8204.51	9.71	8571.48	9.81	8998.44	9.83	9341.37	10.00	9414.43	9.86
7907.46	9.64	8205.48	9.84	8578.51	9.80	9008.44	9.85	9342.54	10.03	9425.42	9.83

In der Lichtkurve sind sehr langsam verlaufende und regellose Schwankungen zwischen den visuellen Grenzen 9^m6 und 9^m9 mit Längen von rund 400 bis 500 Tagen, von kürzeren Wellen mit Längen von etwa 40 bis 80 Tagen und Amplituden von 0^m1 bis 0^m3 überlagert. Stellenweise sind diese sekundären Wellen nur als flache Ausbuchtungen oder Buckel in den langgestreckten Kurven der mittleren Helligkeit angedeutet, so daß sekundäre Maxima und Minima nicht zur Entwicklung kommen. Am Schluß der Beobachtung (J.D. 242 9289—9425) sind abweichend vom früheren Verlauf drei sehr regelmäßig geformte, etwa 50tägige Wellen mit Amplituden von 0^m2 vorhanden.

Maxima		Minima		Maxima		Minima	
J.D. 242 7871	9^m56	—	—	J.D. 242 8967	9^m67	8938	10^m00
7934	9.56	7909:	9.7:	—	—	9015	9.86
8196:	9.76	—	—	9325	9.83	9302	10.06
8291	9.55	8227	9.88	9373	9.80	9345	10.01
8585:	9.80	—	—	9427:	9.80	9401	10.03

Beobachtete Grenzen des visuellen Lichtwechsels: 9^m5 und 10^m1; Spektrum: unbekannt; galaktische Breite: $+85^0$; unperiodisch vom Typus μ Cephei (I, 23. F, a). Lichtkurve wie CO Cyg.

RR Cygni

Der bereits im Jahre 1888 von T. E. Espin[60]) entdeckte Veränderliche soll nach P. S. Yendell[61]), J. A. Parkhurst[62]) und S. Enebo[63]) einen regellosen Lichtwechsel zwischen den visuellen Grenzen 8^m5 und 9^m3 aufweisen. In den Valkenburger Veröffentlichungen I, Nr. 6.362 zweifelt dagegen M. Esch die Veränderlichkeit an und glaubt die beobachteten Schwankungen auf physiologische Effekte zurückführen zu müssen, wie sie bei der Helligkeitsauffassung von stark rot gefärbten Sternen auftreten können. E. Hartwig[64]) konnte wiederum in den Jahren 1892—1902 mit Sicherheit einen Lichtwechsel zwischen 8^m8 und 9^m5 sowie Anzeichen einer Periodizität mit $P = 200^d$ feststellen. In neuerer Zeit hat H. Rügemer[65]) den Stern auf 158 Bamberger Platten aus den Jahren 1928—1933 untersucht. Danach schwankt die photographische Helligkeit unregelmäßig zwischen den Grenzen 12^m9 und 13^m8. Auch in diesen Beobachtungen ist eine Periode von 217 Tagen angedeutet, die von kürzeren Schwingungen überlagert wird. Die folgenden 135 Beobachtungen erstrecken sich über den Zeitabschnitt 1932 Aug. 27 bis 1939 Juni 15.

Vergleichsterne

Bez.	BD-Nr.	photom. Gr.
RR Cyg	$+44^0$ 3571a	var
b	$+44^0$ 3573	9^m40
d	$+44^0$ 3570	9.41
e	$+44^0$ 3578	9.94
f	$+44^0$ 3575	10.18

Beobachtungen

J.D. 242...	Gr.	J.D. 242...	Gr.	J.D. 242...	Gr.	J.D. 242...	Gr.	J.D. 242...	Gr.	J.D. 242...	Gr.
6947.50	9^m76	6979.49	9^m94	7009.32	10^m04	7040.28	9^m82	7072.20	9^m94	7097.29	9^m94
6967.40	9.74	6984.44	9.90	7026.33	9.99	7052.28	9.87	7083.22	9.94	7120.29	10.00
6972.52	9.65	6985.51	9.99	7030.26	9.86	7060.27	9.87	7087.25	10.02	7124.51	10.00
6976.40	10.02	7008.30	9.92	7034.28	9.85	7068.24	9.90	7094.30	9.99	7132.27	10.04

60) Astron. Nachr. 119.127 (1888). — 61) Astron. Journ. 229, 246 u. 251. — 62) Astron. Journ. 393, 425. — 63) Enebo I. 7, II. 44, III. 49 u. Astron. Nachr. 188.313 (1911). — 64) Veröff. Bamberg I, 3.565. — 65) Astron. Nachr. 255.175 (1935).

J.D. 242...	Gr.	J.D. 242...	Gr.	J.D. 242...	Gr.	J.D. 242...	Gr.	J.D. 242...	Gr.	J.D. 242...	Gr.
7153.49	$9^{m}94$	7325.42	$9^{m}72$	7605.45	$9^{m}71$	8025.56	$10^{m}00$	8409.51	$9^{m}71$	8905.26	$9^{m}74$
7155.52	9.91	7333.43	9.72	7618.42	9.83	8036.45	9.84	8420.44	9.70	8937.26	9.75
7158.51	9.90	7335.45	9.72	7627.46	9.76	8053.60	9.94	8428.41	9.74	8998.46	9.83
7161.53	9.86	7343.39	9.82	7658.54	9.84	8069.42	10.04	8436.45	9.70	9018.41	9.81
7177.47	9.84	7359.40	9.82	7683.54	9.74	8077.53	9.97	8474.41	9.74	9054.44	9.86
7180.45	9.79	7372.39	9.79	7693.46	9.79	8097.49	9.99	8505.37	9.74	9160.36	9.82
7185.55	9.82	7384.40	9.79	7696.47	9.79	8122.42	10.00	8522.28	9.79	9193.35	9.92
7188.49	9.72	7481.32	9.71	7709.45	9.75	8145.27	9.89	8542.29	9.79	9235.32	10.08
7195.41	9.74	7483.28	9.79	7717.45	9.79	8182.29	9.79	8571.25	9.75	9250.29	10.29
7213.45	9.79	7506.47	9.72	7755.34	9.84	8205.28	9.74	8622.54	9.49	9262.23	10.34
7259.43	9.77	7530.44	9.77	7840.61	10.06	8248.49	9.66	8654.50	9.51	9322.54	10.18
7262.44	9.76	7532.46	9.74	7841.29	10.04	8268.45	9.67	8677.46	9.46	9342.55	10.02
7263.46	9.73	7535.56	9.70	7866.50	9.80	8282.42	9.56	8695.43	9.40	9365.50	10.08
7273.52	9.70	7543.51	9.79	7870.52	9.82	8305.54	9.68	8752.49	9.60	9404.47	10.06
7274.45	9.73	7546.40	9.71	7907.47	9.78	8325.52	9.77	8765.51	9.70	9417.43	9.94
7281.45	9.71	7559.44	9.74	7927.44	9.71	8336.51	9.77	8798.43	9.99	9430.44	9.69
7298.39	9.73	7567.51	9.81	7949.43	9.71	8356.45	9.74	8817.48	9.90		
7307.39	9.76	7589.46	9.72	7986.46	9.67	8389.53	9.85	8840.46	9.93		
7320.32	9.69	7599.47	9.84	8023.44	9.98	8405.47	9.68	8854.51	9.84		

Die Helligkeit des Sterns wechselt in zumeist sehr flachen Wellen mit Amplituden von $0^{m}1$ bis $0^{m}8$ zwischen den Grenzen $9^{m}4$ und $10^{m}4$. Diese Hauptwellen sind von zahlreichen kurzen sekundären Schwingungen von etwa 60 Tagen überlagert, die zu erheblichen Störungen und Aufspaltungen der Hauptphasen führen. Zur Bestimmung der Maxima und Minima des langsamen Hauptlichtwechsels wurde deshalb eine geglättete Kurve durch die Beobachtungen gelegt. Da die Höhen der Extrema außerordentlich stark wechseln und vereinzelte Maxima nicht einmal die Höhe mancher Minima erreichen, scheint der Lichtwechsel auf den ersten Blick völlig regellos zu verlaufen. Die Zwischenzeiten der Hauptphasen nehmen Werte zwischen 120 und 285 Tagen an, wobei aber Abstände von etwa 235 Tagen bevorzugt werden. Eine nähere Untersuchung ergibt, daß sich sowohl die Maxima als auch die Minima mit den Elementen: Max. = J.D. 242 7048 + $235^{d} \cdot E$; $M - m = 131^{d}$ grob genähert darstellen lassen, sofern Abweichungen bis zu etwa 20% der Periode zugelassen werden. Ähnliche Feststellungen dürften früher von E. Hartwig wie auch von H. Rügemer gemacht sein, die Perioden von 200 bzw. 217 Tagen bestimmten. Die reichlich großen Abweichungen zwischen Beobachtung und Rechnung zeigen ebenso wie die Verschiedenheit der bisher erhaltenen Ergebnisse, daß RR Cyg weder zu den Periodischen noch zu den zyklisch Veränderlichen gezählt werden kann. Er dürfte zu den μ Cephei-Sternen gehören.

Maxima				Minima			
E	J.D. 242...	Gr.	B—R	E	J.D. 242...	Gr.	B—R
0	7049	$9^{m}82$	$+1^{d}$	—	7006	$9^{m}97$	—
—	7199	9.74	—	1	7123	10.03	-29^{d}
1	7292	9.69	+ 9	—	7236	9.80	—
2	7518	9.71	0	2	—	—	—
3	7710	9.74	−43	3	7653	9.82	+31
4	7963	9.67	−25	4	7821	10.18	−36
—	8039	9.89	—	—	8022	10.00	—
5	8276	9.60	+53	5	8086	10.03	− 6
6	8417	9.69	−41	6	8370	9.81	+43
7	8680	9.42	−13	7	8528	9.79	−34
8	8927	9.73	− 1	8	8813	9.96	+16
—	9352	10.03	—	10	9281	10.36	+14
10	9460::	9.5:	+62::	—	9387	10.10	—

Die nichtnumerierten Epochen beziehen sich auf sekundäre Phasen.

Beobachtete Grenzen des visuellen Lichtwechsels: $9^{m}4$ und $10^{m}4$; Spektrum: N; Farbenindex: $+3^{m}5$; galaktische Breite: 0^{0}; μ Cephei-Art (I, 23. F, a). Lichtkurve wie TZ Cas.

AD Cygni

Die Veränderlichkeit wurde 1907 von Miss Fleming auf Harvard-Platten entdeckt und in Harv. Circ. 132 angezeigt. S. Enebo[66]), der den Stern mehrere Jahre hindurch sehr sorgfältig über-

[66]) Astron. Nachr. **217**.440 (1922).

wacht hat, glaubte das Vorhandensein eines unperiodischen Lichtwechsels annehmen zu dürfen, obgleich die am sichersten bestimmten Maxima mit den Elementen: Max. = J.D. 241 8280 + $72^{d}8 \cdot E$ darzustellen waren. Spätere Untersuchungen von W. LUYTEN[67]) sowie von P. AHNERT[68]) ergaben völlig unregelmäßige Helligkeitsschwankungen mit Zwischenzeiten von 57 bis 182 bzw. 120 bis 200 Tagen. Die im folgenden zusammengestellten 107 Beobachtungen erstrecken sich über den Zeitabschnitt 1934 Juni 2 bis 1939 Sept. 12.

Vergleichsterne

Bez.	BD-Nr.	photom. Gr.
AD Cyg	+ 32° 3850	var
a	+ 32° 3856	$9^{m}13$
b	+ 32° 3848	9.51
c	+ 32° 3855	9.73

Beobachtungen

J.D. 242...	Gr.	J.D. 242...	Gr.	J.D. 242...	Gr.	J.D. 242...	Gr.	J.D. 242...	Gr.	J.D. 242...	Gr.
7591.50	$9^{m}66$	7717.44	$9^{m}43$	8044.49	$9^{m}60$	8304.50	$9^{m}34$	8622.55	$9^{m}26$	9167.44	$9^{m}26$
7601.50	9.66	7728.51	9 40	8053.59	9.62	8326.47	9.36	8654.46	9.32	9192.45	9.61
7604.51	9.37	7736.30	9.48	8066.48	9.62	8333.50	9.41	8676.50	9.30	9230.34	9.58
7612.51	9.71	7755.28	9.59	8069.43	9.62	8389.53	9.15	8695.43	9.18	9235.32	9.55
7618.50	9.63	7765.32	9.64	8077.53	9.56	8395.49	9.26	8751.55	9.37	9249.30	9.40
7625.49	9.59	7841.25	9.64	8083.38	9.56	8409.36	9.24	8772.41	9.15	9251.28	9.35
7658.50	9.68	7872.64	9.58	8094.43	9.58	8415.39	9.29	8777.50	9.35	9261.24	9.32
7664.47	9.82	7906.50	9.46	8111.39	9.40	8422.53	9.28	8787.38	9.23	9274.23	9.27
7669.49	9.81	7919.49	9.39	8121.37	9.36	8427.43	9.30	8798.42	9.19	9333.58	9.29
7677.37	9.60	7926.49	9.43	8145.26	9.39	8436.44	9.36	8817.47	9.40	9342.59	9.37
7683.53	9.60	7945.48	9.62	8164.22	9.33	8450.42	9.32	8840.45	9.35	9363.54	9.29
7689.40	9.65	7949.44	9.56	8180.25	9.32	8474.38	9.28	8857.34	9.39	9389.45	9.27
7692.48	9.64	7963.46	9.66	8183.26	9.37	8505.28	9.32	8998.52	9.40	9413.42	9.29
7696.44	9.60	7975.49	9.52	8205.25	9.34	8522.27	9.07	9017.55	9.37	9417.44	9.32
7708.38	9.48	7985.51	9.46	8248.56	9.54	8523.22	9.01	9038.48	9.36	9429.44	9.32
7709.44	9.40	8020.41	9.56	8268.50	9.38	8526.26	9.03	9054.52	9.35	9493.40	9.26
7710.45	9.40	8025.50	9.56	8271.53	9.38	8551.26	9.01	9087.52	9.40	9519.44	9.13
7715.46	9.48	8036.46	9.60	8291.44	9.33	8571.23	9.18	9157.35	9.37		

Die Helligkeit des Sterns schwankt in langgestreckten und unregelmäßig geformten, etwa 105tägigen Wellen zwischen den Grenzen $8^{m}9$ und $9^{m}8$. Die Zwischenzeiten der Maxima sind jedoch sehr verschieden und liegen zwischen 60 und 195 Tagen. Daneben ist auch die mittlere Helligkeit des Sterns sehr langsamen, etwa 1500tägigen Änderungen zwischen $9^{m}15$ und $9^{m}65$ unterworfen. Irgendwelche Anzeichen einer Gesetzmäßigkeit sind nicht zu erkennen.

	Maxima		Minima			Maxima		Minima			Maxima		Minima	
J.D. 242	7635	$9^{m}55$	—	—	J.D. 242	8291	$9^{m}30$	8246	$9^{m}55$	J.D. 242	—	—	8836	$9^{m}42$
	7724	9.40	7668	9.80		8396	9.19	8349	9.46		9051	$9^{m}34$	—	—
	—	—	7772:	9.66		8540	8.94	8480	9.40		9168	9.26	9133	9.47
	7919	9.39	—	—		8627:	9.24	8600:	9.35		9302	9.24	9208	9.71
	7999	9.41	7961	9.66		8708	9.12	8663:	9.34		9395	9.27	9349	9.34
	8115—8210 fast konst. Helligk.					8789	9.20	8752	9.38		9525:	9.11:	9460:	9.37

Beobachtete Grenzen des visuellen Lichtwechsels: $8^{m}9$ und $9^{m}8$; mittlere visuelle Amplitude: $0^{m}3$; Spektrum: S; galaktische Breite: — 5°; μ Cephei-Art (I, 23. F, a). Lichtkurve s. Abb. 1.

AH Cygni

Der im Jahre 1908 von Frau L. CERASKI[69]) auf Moskauer Himmelsaufnahmen entdeckte Veränderliche ist bereits von S. BLAŽKO[69]), S. ENEBO[70]), E. ZINNER[71]) und C. HOFFMEISTER[72]) beobachtet worden. Während HOFFMEISTER in den Jahren 1917/18 keine Helligkeitsänderungen feststellen konnte, fanden BLAŽKO auf 30 Moskauer Platten aus den Jahren 1898—1908 sowie später auch ENEBO einen Lichtwechsel mit Amplituden von $0^{m}7$ bzw. $1^{m}6$ ($10^{m}0$ bis $11^{m}6$). Sichere Anzeichen von Gesetzmäßig-

[67]) Leiden Ann. **13**.2, 26, 36; Pop. Astr. **26**.134; **27**.403. — [68]) Astron. Nachr. **272**.289 (1942). — [69]) Astron. Nachr. **179**.292 (1908). — [70]) Astron. Nachr. **188**.149 (1911); **197**.375 (1914); Enebo VIII.37—39. — [71]) Astron. Nachr. **190**.381 (1912); **195**.460 (1913). — [72]) Gesch. u. Lit. Veränd. Sterne I, **2**.240.

keiten waren nicht nachzuweisen, doch hielt Enebo eine Periode von $99^{d}5$ für möglich. E. Zinner glaubte zunächst auch, aus seinen 1911 erhaltenen Beobachtungen auf eine Periode von 65 Tagen schließen zu dürfen, konnte diese Vermutung aber später nicht bestätigen. Nach seinen neueren Mitteilungen in Erg.-Heft z. d. Astron. Nachr. 4.3 vollziehen sich die Helligkeitsänderungen regellos in flachen Wellen verschiedener Höhe mit Längen von ungefähr 200 Tagen. Die hier erhaltenen 71 Beobachtungen stammen aus der Zeit 1934 Juni 2 bis 1939 Juni 15.

Vergleichsterne

Bez.	BD-Nr.	photom. Gr.
AH Cyg	+ 39° 3997	var
a	+ 39° 3994	$9^{m}44$
b	+ 39° 4009	9.69
c	+ 39° 3992	10.18

Beobachtungen

J.D. 242...	Gr.	J.D. 242...	Gr.	J.D. 242...	Gr.	J.D. 242...	Gr.	J.D. 242...	Gr.	J.D. 242...	Gr.
7591.49	$9^{m}62$	7919.49	$9^{m}95$	8121.36	$9^{m}81$	8423.41	$9^{m}84$	8787.38	$9^{m}63$	9223.26	$9^{m}67$
7603.47	9.62	7926.49	9.90	8140.32	9.81	8450.42	9.89	8817.38	9.74	9250.31	9.63
7605.49	9.55	7949.45	10.09	8164.29	9.95	8474.37	9.87	8840.44	9.74	9322.56	9.69
7627.46	9.48	7963.47	10.11	8180.24	9.89	8505.27	9.84	8955.58	9.85	9333.55	9.55
7687.51	9.81	7986.45	10.01	8205.25	9.87	8522.26	9.82	8998.48	9.79	9342.55	9.54
7691.43	9.84	8020.41	9.79	8247.61	9.89	8545.22	9.82	9008.47	9.80	9364.51	9.56
7693.48	9.84	8026.39	9.72	8268.48	10.03	8622.54	9.81	9045.46	9.93	9379.48	9.52
7709.42	9.76	8053.59	9.67	8304.50	9.86	8654.47	9.53	9155.35	9.79	9391.43	9.62
7717.38	9.83	8069.44	9.71	8333.50	9.88	8657.46	9.49	9160.43	9.81	9413.47	9.60
7740.40	9.90	8083.32	9.74	8389.51	9.86	8676.46	9.56	9174.32	9.79	9421.49	9.60
7841.26	9.99	8097.48	9.79	8391.52	9.93	8702.50	9.72	9192.34	9.73	9430.45	9.50
7907.53	10.02	8111.40	9.77	8403.44	9.90	8752.48	9.59	9222.37	9.62		

Der Stern zeigt sehr langsame und unregelmäßige Helligkeitsschwankungen von etwa 420 bis 660 Tagen zwischen den Grenzen $9^{m}5$ und $10^{m}1$, die von sehr flachen sekundären Wellen mit Längen von etwa 80 bis 120 Tagen und Amplituden von $0^{m}1$ bis $0^{m}25$ überlagert sind.

Phasenepochen der Hauptschwankungen

	Maximum			Minima	
J.D. 242	7634	$9^{m}47$		7960	$10^{m}11$
	8055	9.67		8271	10.03
	8664	9.48	Doppel-Max.	(8715	9.75)
	8769	9.54		9067:	9.95
	9370:	9.53			

Unperiodischer Lichtwechsel von μ Cephei-Art (I, 23. F, a); Spektrum: unbekannt; beobachtete Grenzen des visuellen Lichtwechsels: $9^{m}5$ und $10^{m}1$; galaktische Breite: + 5°. Lichtkurve wie TZ Cas.

AI Cygni

Gelegentlich der Beobachtung von AD Cyg bemerkte S. Enebo im Jahre 1909 die Veränderlichkeit des benutzten Vergleichsterns BD + 32° 3852. Während Enebo[73]) 1909—1912 „halbregelmäßige" Helligkeitsänderungen mit einer Periode von 140 Tagen fand, ergaben Beobachtungen von Luyten aus den Jahren 1916—1919 nach H. Ludendorff[74]) einen unperiodischen Lichtwechsel. In der Zeit 1934 Juni 2 bis 1939 Sept. 12 wurden hier die folgenden 107 Helligkeitsschätzungen erhalten.

Vergleichsterne

Bez.	BD-Nr.	photom. Gr.
AI Cyg	+ 32° 3852	var
a	+ 32° 3856	$9^{m}13$
b	+ 32° 3848	9.51
c	+ 32° 3855	9.73

[73]) Astron. Nachr. **184**.141 (1918); **188**.149 (1911); **197**.375 (1914). — [74]) Astron. Nachr. **220**.244 (1923).

Beobachtungen

J.D. 242...	Gr.	J.D. 242...	Gr.	J.D. 242...	Gr.	J.D. 242...	Gr.	J.D. 242...	Gr.	J.D. 242...	Gr.
7591.50	$8^{\mathrm{m}}98$	7717.44	$9^{\mathrm{m}}29$	8044.49	$9^{\mathrm{m}}01$	8304.50	$9^{\mathrm{m}}32$	8622.55	$9^{\mathrm{m}}41$	9167.43	$9^{\mathrm{m}}11$
7601.50	8.71	7728.51	9.28	8053.59	8.98	8326.47	9.26	8654.47	9.23	9192.45	9.06
7604.50	8.83	7736.30	9.28	8066.48	8.95	8333.50	9.26	8676.50	9.30	9230.34	8.73
7612.51	8.68	7755.28	9.03	8069.43	8.98	8389.53	9.29	8695.43	9.32	9235.32	8.73
7618.50	8.68	7765.32	8.91	8077.53	8.88	8395.49	9.29	8751.55	9.46	9249.30	8.78
7625.49	8.81	7841.25	9.21	8083.38	8.95	8409.36	9.28	8772.41	9.27	9251.28	8.73
7658.50	9.36	7872.64	8.88	8094.43	8.98	8415.39	9.35	8777.49	9.27	9261.24	8.75
7664.47	9.27	7906.50	8.83	8111.38	9.03	8422.53	9.28	8787.38	9.27	9274.23	8.78
7669.49	9.30	7919.49	8.78	8121.37	9.01	8427.43	9.30	8798.42	9.26	9333.58	8.88
7677.37	9.35	7926.49	8.78	8145.26	8.93	8436.44	9.29	8817.47	9.25	9342.59	8.88
7683.53	9.32	7945.48	8.98	8164.22	8.98	8450.42	9.37	8840.45	9.13	9363.54	8.78
7689.40	9.31	7949.45	9.03	8180.24	8.91	8474.38	9.36	8857.34	9.08	9389.44	8.88
7692.47	9.29	7963.46	8.93	8183.26	8.93	8505.28	9.41	8998.51	9.28	9413.42	8.93
7696.44	9.29	7975.49	9.03	8205.25	9.05	8522.27	9.46	9017.49	9.30	9417.44	8.98
7708.38	9.29	7985.50	9.03	8248.56	9.32	8523.22	9.51	9038.48	9.28	9429.44	8.98
7709.43	9.29	8020.40	9.32	8268.50	9.38	8526.26	9.56	9054.52	8.93	9493.40	9.13
7710.44	9.26	8025.49	9.13	8271.53	9.47	8551.26	9.39	9087.52	8.98	9519.44	9.01
7715.45	9.32	8036.46	9.03	8291.44	9.41	8571.23	9.27	9157.34	9.23		

Die Lichtkurve gibt eine Folge von langgestreckten, glatten Wellen mit wechselnder Amplitude. Zeitweilig sind die Maxima oder Minima so lang und flach, daß der Lichtwechsel für längere Zeit auszusetzen scheint. Zu den Zeiten mit lebhafteren Helligkeitsänderungen sind die Maxima zumeist wesentlich besser entwickelt als die stets sehr flachen Minima. Diese Wahrnehmung steht im Gegensatz zu den Beobachtungen von LUYTEN, die nach H. LUDENDORFF in den Jahren 1916—1919 eine bessere Entwicklung aller Minima ergaben. Die Abstände der Maxima schwanken zwischen 91 und 231 Tagen (im Mittel 135^{d}). Auch die mittlere Helligkeit des Sterns ändert sich langsam in vielleicht 1600 (?) Tagen zwischen den Grenzen $8^{\mathrm{m}}9$ und $9^{\mathrm{m}}4$. Ein periodischer Lichtwechsel liegt nicht vor.

	Maxima		Minima			Maxima		Minima	
J.D. 242	7615	$8^{\mathrm{m}}65$	—	—	J.D. 242	8578	$9^{\mathrm{m}}26$	8526	$9^{\mathrm{m}}50$
	7778:	8.85:	7673	$9^{\mathrm{m}}35$		8669	9.22	8625	9.40
	7907	8.75	7833:	9.24:		—	—	8734	9.50
	8079	8.90	8010	9.5:		9069	8.75	9022	9.32
	8175	8.90	8126	9.00		9244	8.71	9137	9.29
	8347:	9.24	8278	9.44		9368	8.81	9327	8.89
						—	—	9487	9.12

Beobachtete Grenzen des visuellen Lichtwechsels: $8^{\mathrm{m}}6$ und $9^{\mathrm{m}}5$; mittlere visuelle Amplitude: $0^{\mathrm{m}}35$; Spektrum: M4; galaktische Breite: — 5^0; μ Cephei-Art (I, 23. F, a). Lichtkurve wie TU Gem.

AZ Cygni

Der Lichtwechsel des im Jahre 1904 von T. W. BACKHOUSE[75]) mit Schwankungen zwischen $8^{\mathrm{m}}1$ und $9^{\mathrm{m}}4$ entdeckten Veränderlichen wurde zuerst von C. HOFFMEISTER[76]) bestätigt, der unregelmäßige und sehr langsame Helligkeitsänderungen von etwa $0^{\mathrm{m}}5$ fand. 103 Helligkeitsschätzungen, die S. BÖHME auf Bamberger Ernostarplatten vornahm, ergaben gleichfalls einen unregelmäßig und träge verlaufenden Lichtwechsel, dessen Maxima und Minima etwa 100 Tage breit sind und in Abständen von mehr als 300 Tagen aufeinander folgen. Nach BÖHME liegen die photographischen Helligkeitsgrenzen zwischen $10^{\mathrm{m}}8$ und $12^{\mathrm{m}}0$. Die in den Jahren 1941/42 von E. LORETA[77]) veröffentlichten Epochen für 3 Maxima und 2 Minima deuten eine mittlere Periode von etwa 360 Tagen an. In der Zeit 1932 Aug. 27 bis 1939 Juni 15 wurden hier die folgenden 135 Beobachtungen erhalten.

Vergleichsterne

Bez.	BD-Nr.	photom. Gr.
AZ Cyg	+ 45° 3349	var
a	+ 45° 3344	$8^{\mathrm{m}}66$
b	+ 45° 3345	9.27

[75]) Sunderland Publ. 3.106. — [76]) Gesch. u. Lit. Veränd. Sterne I, 2.305. — [77]) Beob.-Zirk. 23 u. 24.

Beobachtungen

J.D. 242...	Gr.	J.D. 242...	Gr.	J.D. 242...	Gr.	J.D. 242...	Gr.	J.D. 242...	Gr.	J.D. 242...	Gr.
6947.51	8^m61	7132.27	8^m51	7359.40	8^m86	7696.48	8^m44	8268.46	8^m84	8798.43	9^m06
6967.40	8.36	7144.44	8.46	7372.39	8.88	7709.45	8.46	8282.43	8.91	8817.48	9.06
6972.52	8.46	7153.49	8.54	7384.40	8.88	7717.45	8.51	8305.54	8.88	8840.46	9.23
6976.40	8.46	7155.53	8.56	7481.33	8.46	7755.34	8.51	8325.52	9.08	8854.51	9.12
6979.49	8.48	7158.51	8.56	7483.28	8.44	7840.61	8.71	8336.51	9.14	8905.27	9.13
6984.44	8.46	7161.54	8.56	7506.47	8.46	7841.29	8.74	8356.46	9.22	8937.26	9.13
6985.52	8.41	7180.46	8.56	7512.46	8.46	7866.50	8.86	8389.53	9.11	8998.46	8.93
7008.30	8.56	7185.55	8.56	7530.44	8.51	7870.52	8.81	8405.47	9.06	9018.41	8.81
7009.32	8.54	7188.50	8.54	7532.46	8.56	7907.47	8.81	8409.51	9.02	9054.44	8.76
7026.33	8.54	7195.41	8.61	7535.56	8.56	7927.45	8.84	8420.44	9.02	9160.35	8.77
7030.26	8.54	7213.45	8.56	7543.51	8.66	7949.43	8.78	8428.42	8.97	9193.35	8.86
7034.28	8.56	7259.43	8.84	7546.41	8.61	7986.46	8.86	8436.45	8.89	9235.32	8.94
7040.29	8.58	7262.44	8.78	7559.44	8.58	8023.45	8.54	8474.41	8.81	9250.30	8.86
7052.28	8.58	7263.46	8.84	7567.51	8.58	8036.45	8.51	8505.37	8.81	9262.24	8.94
7060.32	8.76	7274.46	8.81	7578.46	8.61	8053.60	8.56	8522.28	8.71	9322.55	8.99
7068.24	8.58	7281.45	8.81	7589.46	8.56	8069.43	8.56	8542.29	8.71	9342.55	9.12
7072.21	8.66	7298.40	8.81	7599.48	8.56	8077.53	8.51	8571.25	8.64	9365.50	9.10
7083.22	8.56	7307.39	8.81	7605.45	8.54	8097.49	8.54	8622.54	8.56	9404.47	8.99
7087.25	8.54	7320.32	8.86	7618.42	8.51	8122.43	8.51	8654.50	8.66	9417.43	8.90
7094.30	8.54	7325.42	8.86	7627.42	8.51	8145.27	8.51	8677.45	8.71	9430.44	8.85
7097.29	8.51	7333.43	8.91	7658.54	8.46	8182.29	8.46	8695.44	8.76		
7120.30	8.54	7335.46	8.84	7683.54	8.46	8205.28	8.46	8752.49	8.78		
7124.51	8.51	7343.40	8.86	7693.46	8.44	8248.50	8.71	8765.52	8.90		

Die Lichtkurve verläuft in sehr langgestreckten und niedrigen Wellen mit Amplituden von 0^m4 bis 0^m8 zwischen den visuellen Grenzen 8^m4 und 9^m2. Im Vergleich mit den Maxima, die alle ungemein breit und in zwei oder drei Teilphasen von nahezu gleicher Höhe aufgespalten sind, zeigen die Minima eine wesentlich bessere Definition. Auch sie sind sehr flach geformt, aber sicherer festzulegen. Die hier erhaltenen Beobachtungen ergeben für die Abstände der Haupt-Minima nahezu gleiche Beträge von 500 Tagen. Rechnet man die Minimumepochen mit Hilfe der Elemente: Min. = J.D. 242 7362 + $500^d \cdot E$, so werden die Beobachtungen mit den in Spalte B—R gegebenen Abweichungen verhältnismäßig gut dargestellt. Für die Untersuchung des Lichtwechsels wurden auch die bereits oben erwähnten Epochen für 3 Maxima und 2 Minima von E. Loreta herangezogen, die unmittelbar an die vorstehenden Beobachtungen anschließen. Aus den knappen Mitteilungen Loretas ist nicht ersichtlich, ob es sich bei den Minima um Haupt- oder Nebenphasen handelt. Beide Epochen weichen jedenfalls so erheblich von den gerechneten Werten ab, daß ein Fortbestehen des 500tägigen Zyklus unwahrscheinlich ist. Die von E. Loreta bestimmten Helligkeitsgrenzen 7^m6 und 8^m9 zeigen im übrigen, abgesehen von einer erheblichen Nullpunktsdifferenz, eine wesentlich größere Gesamtamplitude, als sie hier beobachtet wurde.

Maxima		Minima		B—R	Maxima		Minima		B—R
J.D. 242 6974	8^m41	—	—		J.D. 242 8612	8^m55	8361	9^m22	-1^d
(7130	8.47)	(7061	8^m65)		9107	8.70	8854	9.18	− 8
7498	8.44	7352	8.89	-10^d	9883*	8.5	9353	9.11	− 9
7680	8.45	(7547	8.60)		243 0220*	7.6	29995*	8.9	(+133)
(8054	8.52)	7889	8.87	+27	0592*	8.0	30423*	8.9	(+ 61)
8195	8.44	(8096	8.54)						

sekundäre Phasen in Klammern — * = Epochen von E. Loreta.

Unperiodischer Lichtwechsel vom Typus μ Cephei (I, 23. F, a); beobachtete Grenzen des visuellen Lichtwechsels: 8^m4 und 9^m2; mittlere visuelle Amplitude: 0^m55; Spektrum: Map; Farbenindex: + 2^m7; galaktische Breite: 0^0. Lichtkurve wie TU Gem.

BC Cygni

Für den schon im Jahre 1887 von T. E. Espin verdächtigten und 1911 von Wells[78]) unabhängig entdeckten Veränderlichen liegen nach Gesch. u. Lit. Veränd. Sterne II, 2.31 bislang nur kurze Beobachtungsreihen von E. Zinner[79]), C. Hoffmeister[80]) und M. Esch[81]) vor, die keine Aufschlüsse über die Art des Lichtwechsels geben. In der Zeit 1930 Okt. 1 bis 1939 Juni 15 wurden hier die folgenden 174 Helligkeitsschätzungen erhalten.

Vergleichsterne

Bez.	BD-Nr.	photom. Gr.
BC Cyg	+ 37° 3903	var
a	+ 37° 3899	9^m39
b	+ 36° 4034	9.76
c	+ 36° 4036	10.07

[78]) Astron. Nachr. **190**.108 (1911). — [79]) Erg.-Heft Astron. Nachr. 4.3. — [80]) Sonneberger Mitt. 20. — [81]) V.J.S. **70**.265.

Beobachtungen

J.D. 242...	Gr.	J.D. 242...	Gr.	J.D. 242...	Gr.	J.D. 242...	Gr.	J.D. 242...	Gr.	J.D. 242...	Gr.
6251.43	$9^{m}68$	7040.34	$9^{m}57$	7295.48	$9^{m}91$	7599.48	$10^{m}22$	7985.50	$9^{m}71$	8526.27	$9^{m}44$
6275.37	9.57	7042.31	9.57	7298.50	9.93	7604.44	10.05	8020.40	9.78	8542.28	9.29
6277.35	9.67	7049.33	9.57	7305.55	9.97	7612.42	9.99	8036.38	9.88	8571.24	9.27
6298.34	9.67	7052.28	9.54	7307.50	9.91	7617.47	9.97	8044.48	9.88	8622.53	9.50
6447.46	9.54	7060.32	9.38	7309.41	9.87	7623.50	9.94	8069.42	9.91	8654.50	9.55
6456.43	9.30	7061.23	9.34	7320.33	9.91	7627.42	9.95	8077.54	9.91	8677.45	9.59
6467.45	9.44	7063.23	9.44	7325.42	9.90	7661.51	9.84	8086.42	9.93	8695.43	9.75
6475.47	9.44	7065.29	9.51	7333.43	9.91	7677.42	9.86	8097.48	10.02	8752.49	9.74
6478.47	9.54	7068.19	9.52	7335.46	9.98	7684.50	9.81	8111.40	10.07	8769.40	9.72
6485.47	9.54	7072.24	9.54	7340.33	9.93	7687.52	9.76	8122.42	10.19	8798.43	9.90
6580.44	9.70	7083.23	9.51	7342.37	9.97	7692.47	9.76	8164.29	10.22	8817.48	9.87
6608.43	9.63	7087.28	9.45	7352.39	9.91	7694.44	9.68	8180.25	10.27	8840.45	9.98
6626.39	9.60	7094.26	9.49	7358.37	9.97	7696.51	9.67	8205.26	10.17	8854.50	9.91:
6629.39	9.65	7097.28	9.51	7359.41	10.07	7706.39	9.69	8248.51	9.99	8905.26	9.72
6642.34	9.61	7155.53	9.60	7372.41	9.99	7709.44	9.67	8268.46	9.96	8937.25	9.69
6928.49	9.93	7158.51	9.57	7384.33	10.12	7717.34	9.69	8282.43	9.92	8998.47	9.53
6930.40	9.96	7161.54	9.60	7460.25	10.27	7728.42	9.67	8305.55	9.93	9018.42	9.39
6946.52	9.86	7180.49	9.62	7483.26	10.27:	7739.43	9.66	8325.54	9.67	9038.51	9.29
6972.46	9.85	7185.57	9.64	7530.47	10.29	7755.27	9.62	8337.50	9.57	9054.45	9.51
6976.45	9.65	7188.51	9.62	7531.48	10.32	7765.32	9.65	8356.45	9.51	9160.35	9.39
6978.49	9.63	7195.48	9.71	7532.49	10.35	7840.61	9.66	8391.48	9.41	9192.46	9.50
6979.48	9.63	7204.45	9.69	7535.55	10.39	7841.28	9.64	8409.39	9.46	9235.32	9.39
6984.43	9.78	7213.53	9.74	7543.50	10.47	7870.54	9.60	8422.48	9.24	9250.29	9.54
6986.54	9.78	7259.44	9.84	7546.44	10.42	7872.64	9.61	8423.39	9.39	9262.24	9.50
7008.26	9.60	7262.45	9.90	7559.43	10.25	7906.47	9.62	8428.42	9.27	9342.56	9.64
7026.33	9.62	7273.53	9.82	7567.51	10.27	7918.47	9.72	8436.44	9.44	9365.50	9.67
7030.26	9.52	7277.54	9.86	7574.40	10.32	7927.44	9.65	8474.41	9.34	9404.48	9.86
7034.26	9.52	7279.42	9.85	7588.47	10.25	7949.43	9.65	8505.36	9.50	9417.42	9.86
7037.24	9.53	7281.46	9.86	7592.46	10.17	7952.46	9.71	8522.27	9.44	9430.44	9.75

Die Lichtkurve schwankt in langgestreckten und niedrigen Wellen von etwa 650 Tagen mit einer mittleren Amplitude von $0^{m}75$ zwischen den visuellen Grenzen $9^{m}2$ und $10^{m}4$. Die Maxima sind wesentlich breiter als die Minima und zum Teil aufgespalten. Rasch verlaufende sekundäre Wellen (25 bis 60^{d}) von geringer Höhe erschweren die sichere Festlegung der Phasenepochen des Hauptlichtwechsels.

Maxima		Minima		Maxima		Minima	
J.D. 242 6420	$9^{m}27$	—	—	J.D. 242 8452	$9^{m}29$ *	8163	$10^{m}26$
				8558	9.23 *		
7072	9.46	6859	$10^{m}1$	9086	9.35	8841	9.94
7818	9.61	7539	10.37	—	—	9411	9.87

* = Doppel-Maximum.

Beobachtete Grenzen des visuellen Lichtwechsels: $9^{m}2$ und $10^{m}4$; mittlere visuelle Amplitude: $0^{m}75$; Spektrum: N (?); galaktische Breite: 0^{0}; μ Cephei-Art (I, 23. F, a). Lichtkurve wie SY Cam.

BI Cygni

Die Veränderlichkeit des bereits 1876 von Webb verdächtigten Sterns wurde 1893 von T. E. Espin bestätigt und in Astron. Nachr. **209.15** (1919) angezeigt. Im folgenden sind die hier erhaltenen 176 Beobachtungen aus der Zeit 1930 Okt. 1 bis 1939 Juni 15 mitgeteilt.

Vergleichsterne

Bez.	BD-Nr.	photom. Gr.
BI Cyg	$+ 36^{0}$ 4025	var
m	$+ 36^{0}$ 4028	$9^{m}64$
w	$+ 36^{0}$ 4017	8.94

Beobachtungen

J.D. 242...	Gr.	J.D. 242...	Gr.	J.D. 242...	Gr.	J.D. 242...	Gr.	J.D. 242...	Gr.	J.D. 242...	Gr.
6251.43	9^m74	7037.24	9^m56	7295.48	9^m19	7604.44	9^m33	8036.39	9^m59	8622.53	9^m59
6275.37	9.76	7040.34	9.56	7298.50	9.26	7612.42	9.33	8044.48	9.69	8654.49	9.59
6277.35	9.64	7042.31	9.59	7305.55	9.29	7617.47	9.32	8069.42	9.84	8677.45	9.64
6298.34	9.72	7049.33	9.59	7307.50	9.32	7623.50	9.37	8077.54	9.79	8695.43	9.66
6447.46	9.79	7052.28	9.59	7309.41	9.36	7627.42	9.39	8086.42	9.79	8752.49	9.59
6456.43	9.69	7060.32	9.59	7320.33	9.37	7661.51	9.38	8097.48	9.74	8769.40	9.62
6467.45	9.69	7063.28	9.56	7325.42	9.44	7677.42	9.34	8111.40	9.79	8798.43	9.66
6475.49	9.79	7065.29	9.59	7333.43	9.43	7684.50	9.33	8122.41	9.76	8817.48	9.64
6478.47	9.84	7068.19	9.56	7335.46	9.44	7687.52	9.32	8164.29	9.76	8840.45	9.59
6485.47	9.79	7072.24	9.59	7340.33	9.45	7692.47	9.33	8180.25	9.86	8854.50	9.59
6580.44	9.64	7080.22	9.56	7342.37	9.44	7694.43	9.29	8205.26	9.89	8905.26	9.59
6608.43	9.64	7083.22	9.56	7352.39	9.48	7696.51	9.32	8248.51	9.74	8937.25	9.66
6626.39	9.49	7087.28	9.59	7358.37	9.54	7706.39	9.36	8268.46	9.79	8998.47	9.76
6629.39	9.56	7094.26	9.54	7359.41	9.49	7709.44	9.36	8282.43	9.76	9018.42	9.76
6642.34	9.54	7097.28	9.54	7372.41	9.49	7717.34	9.39	8305.54	9.74	9038.51	9.76
6928.49	9.37	7155.53	9.54	7384.33	9.49	7728.43	9.33	8325.54	9.52	9054.44	9.69
6930.40	9.37	7158.51	9.49	7460.25	9.49	7739.43	9.34	8337.50	9.59	9160.35	9.59
6946.52	9.40	7161.54	9.44	7483.25	9.46	7755.27	9.44	8356.45	9.54	9192.46	9.59
6956.45	9.39	7180.49	9.44	7530.47	9.36	7765.32	9.37	8391.48	9.56	9235.31	9.59
6970.42	9.48	7185.57	9.46	7531.48	9.34	7840.61	9.29	8409.39	9.59	9250.29	9.54
6972.46	9.39	7188.51	9.41	7532.49	9.39	7841.28	9.33	8422.48	9.56	9262.24	9.59
6976.45	9.45	7195.48	9.43	7535.55	9.31	7870.54	9.31	8423.39	9.54	9342.56	9.72
6978.49	9.39	7204.45	9.37	7543.51	9.33	7872.64	9.33	8428.42	9.69	9365.49	9.76
6979.48	9.44	7213.53	9.37	7546.44	9.34	7906.46	9.38	8436.44	9.59	9404.48	9.79
6984.42	9.41	7259.43	9.35	7559.44	9.31	7918.47	9.39	8474.41	9.59	9417.42	9.82
6986.53	9.41	7262.45	9.29	7567.51	9.33	7927.44	9.42	8505.36	9.54	9430.44	9.79
7008.26	9.51	7273.53	9.31	7574.41	9.34	7949.43	9.41	8522.27	9.56		
7026.33	9.49	7277.54	9.26	7588.47	9.27	7952.46	9.36	8526.27	9.54		
7030.26	9.59	7279.42	9.17	7592.47	9.34	7985.50	9.50	8542.28	9.56		
7034.26	9.55	7281.46	9.27	7599.48	9.39	8020.40	9.45	8571.24	9.54		

Die Helligkeit des Sterns schwankt in etwa 100 bis 250 Tagen völlig unregelmäßig zwischen den Grenzen 9^m15 und 9^m9. Nur selten werden gut ausgebildete Maxima und Minima entwickelt, deren Wiederkehr keine Anzeichen einer Periodizität erkennen läßt.

Maxima		Minima		Maxima		Minima	
J.D. 242 6928:	9^m37	6479:	9^m80	J.D. 242 8348	9^m50	8201	9^m89
7288	9.15	7055	9.59	8535	9.54	8428	9.61
—	—	7423	9.52	8864	9.56	8699	9.66
7540—7890 sehr geringe Schwankungen um 9^m35				9216	9.55	9019	9.76
8125	9.75	8063	9.86	—	—	9420	9.81

Mittlere visuelle Amplitude der Hauptschwankungen: 0^m4; Spektrum: unbekannt; galaktische Breite: 0°; BY Serpentis-Art (I, 23. F, b).

CO Cygni

Der Lichtwechsel dieses im Jahre 1923 von S. Seliwanow[82]) auf Pulkowaer Platten entdeckten Veränderlichen konnte von P. Parenago[83]) auf 25 photographischen Aufnahmen mit Helligkeitsänderungen zwischen 9^m6 und 10^m6 (photographisch) bestätigt werden. In der Zeit 1932 Aug. 27 bis 1939 Juni 15 wurden hier die folgenden 134 Helligkeitsschätzungen erhalten.

Vergleichsterne

Bez.	BD-Nr.	photom. Gr.
CO Cyg	+ 44° 3668	var
a	+ 44° 3677	8^m95
b	+ 44° 3682	9.17
c	+ 44° 3669	8.56

[82]) Astron. Nachr. **220**.335 (1924). — [83]) NNVS 45.

Beobachtungen

J.D. 242...	Gr.	J.D. 242...	Gr.	J.D. 242...	Gr.	J.D. 242...	Gr.	J.D. 242...	Gr.	J.D. 242...	Gr.
6947.51	$8^{m}78$	7144.44	$8^{m}95$	7359.40	$8^{m}81$	7696.48	$8^{m}95$	8268.45	$8^{m}84$	8817.48	$8^{m}83$
6967.41	8.89	7153.48	8.90	7372.39	8.84	7709.45	8.85	8282.43	8.82	8840.46	8.82
6972.52	8.95	7155.52	8.85	7384.40	8.82	7717.45	8.84	8305.54	8.80	8854.52	8.78
6976.41	8.99	7158.51	8.81	7481.32	8.90	7755.35	8.80	8325.52	8.88	8905.27	8.80
6984.44	9.05	7161.54	8.84	7483.29	8.80	7840.61	8.85	8336.52	8.73	8937.26	8.77
6985.52	9.04	7180.46	8.72	7506.47	8.76	7841.29	8.82	8356.46	8.80	8998.46	8.82
7008.31	8.83	7185.55	8.77	7512.46	8.79	7866.50	8.80	8389.53	8.78	9018.41	8.80
7009.32	8.93	7188.50	8.72	7530.44	8.80	7870.52	8.84	8405.47	8.80	9054.44	8.81
7026.33	9.08	7195.41	8.73	7532.47	8.69	7907.47	8.80	8409.51	8.83	9160.36	8.78
7030.27	9.00	7213.45	8.88	7535.56	8.71	7927.45	8.69	8428.42	8.78	9193.36	8.79
7034.28	9.08	7259.43	8.79	7543.51	8.69	7949.43	8.77	8436.45	8.84	9235.33	8.78
7040.29	9.08	7262.44	8.78	7546.41	8.67	7986.47	8.78	8474.41	8.82	9250.30	8.79
7052.28	8.89	7263.46	8.78	7559.44	8.74	8023.45	8.91	8505.37	8.82	9262.24	8.82
7060.32	9.04	7273.45	8.79	7567.51	8.66	8036.44	8.83	8522.28	8.78	9322.55	8.76
7068.24	8.95	7274.46	8.82	7578.46	8.73	8053.60	8.87	8542.29	8.80	9342.55	8.64
7072.21	9.01	7281.45	8.77	7589.47	8.76	8069.43	8.88	8571.25	8.79	9365.50	8.71
7083.22	9.01	7298.40	8.78	7599.48	8.76	8077.53	8.87	8622.54	8.79	9404.48	8.64
7087.25	9.00	7307.39	8.76	7605.45	8.79	8097.49	8.78	8654.50	8.74	9417.43	8.65
7094.30	9.00	7320.32	8.72	7618.42	8.78	8122.42	8.76	8677.45	8.71	9430.44	8.78
7097.29	8.95	7325.42	8.76	7627.42	8.71	8145.27	8.84	8695.44	8.78		
7120.29	8.90	7333.43	8.76	7658.54	8.95	8182.29	8.78	8752.49	8.82		
7124.51	9.03	7335.46	8.74	7683.54	8.84	8205.28	8.76	8765.52	8.82		
7132.27	8.92	7343.40	8.82	7693.46	8.89	8248.49	8.82	8798.42	8.82		

Die visuelle Helligkeit des Sterns schwankt in langgestreckten und unregelmäßigen Wellen von sehr kleiner Amplitude ($0^{m}1$ bis $0^{m}3$) zwischen den Grenzen $8^{m}6$ und $9^{m}1$. Die zumeist schlecht entwickelten und daher nur unsicher bestimmbaren Epochen der Hauptphasen liegen im Mittel etwa 170 Tage auseinander, weisen aber Werte zwischen 85 und 230 Tagen auf. In der Zeit J.D. 242 8710 bis 9280 scheint der Lichtwechsel über 1½ Jahre lang völlig zu ruhen. In den Abschnitten mit etwas lebhafteren Änderungen sind zeitweilig schwache sekundäre Wellen mit Längen von etwa 35 bis 55 Tagen angedeutet, die sehr flache Nebenphasen bilden.

	Maxima		Minima	
J.D. 242	7011	$8^{m}89$	6987	$9^{m}04$
	7186	8.73	7037	9.04
	7324	8.73	7226	8.90
	7556	8.69	—	—
	7628	8.73	7607	8.77
	7744	8.78	7663	8.96
	7937	8.71	7805	8.89

	Maxima		Minima	
J.D. 242	8113	$8^{m}75$	8055	$8^{m}86$
	8197	8.75	8154	8.85
	8357	8.77	8273	8.83
	8672	8.71	8466	8.84
	8710—9280 konstant $8^{m}81$			
	9378	8.62	—	—

CO Cyg gehört zu den unperiodischen Veränderlichen vom Typus μ Cephei (I, 23. F, a). Spektrum: K5; galaktische Breite: — 1°. Lichtkurve s. Abb. 1 (S. 68).

CY Cygni

Bei diesem bereits im Jahre 1881 von A. Šafarik[84]) verdächtigten Stern konnte zuerst N. Schanin[85]) 1924 auf Pulkowaer Platten Helligkeitsänderungen zwischen den photographischen Grenzen $9^{m}9$ und $10^{m}6$ nachweisen. P. Parenago[86]) fand auf 37 Platten einen unregelmäßigen Lichtwechsel zwischen $11^{m}0$ und $11^{m}7$. Dagegen konnte S. Enebo[87]) visuell mit 101 Beobachtungen keine Veränderungen erkennen. Die folgenden 137 Helligkeitsschätzungen überdecken den Zeitabschnitt 1932 Aug. 27 bis 1939 Juni 15.

Vergleichsterne

Bez.	BD-Nr.	photom. Gr.
CY Cyg	+ 45° 3271	var
m	+ 45° 3262	$8^{m}71$
n	+ 45° 3281	9.25

Beobachtungen

J.D. 242...	Gr.	J.D. 242...	Gr.	J.D. 242...	Gr.	J.D. 242...	Gr.	J.D. 242...	Gr.	J.D. 242...	Gr.
6947.50	$8^{m}89$	6985.52	$8^{m}84$	7040.28	$8^{m}90$	7083.22	$8^{m}66$	7132.27	$8^{m}89$	7180.45	$8^{m}76$
6967.40	8.84	7008.30	9.06	7052.28	8.82	7087.25	8.66	7144.44	8.86	7185.55	8.76
6972.52	8.91	7009.32	8.89	7060.32	8.83	7094.30	8.71	7153.49	8.82	7188.50	8.76
6976.40	8.86	7026.33	8.86	7068.24	8.61	7097.29	8.71	7155.52	8.86	7195.41	8.80
6979.49	8.86	7030.26	8.93	7072.20	8.71	7120.26	8.79	7158.51	8.83	7213.45	8.78
6984.44	8.87	7034.28	8.91	7075.30	8.61	7124.51	8.81	7161.53	8.83	7259.43	8.86

[84]) Astron. Nachr. **101**.23 (1881). — [85]) Astron. Nachr. **227**.27 (1926). — [86]) NNVS 45. — [87]) Enebo I. 35.

J.D. 242...	Gr.	J.D. 242...	Gr.	J.D. 242...	Gr.	J.D. 242...	Gr.	J.D. 242...	Gr.	J.D. 242...	Gr.
7262.44	$8^{m}85$	7512.46	$8^{m}79$	7696.47	$8^{m}66$	8097.49	$8^{m}63$	8436.45	$8^{m}71$	8937.26	$8^{m}66$
7263.46	8.83	7530.44	8.71	7709.45	8.61	8122.42	8.61	8474.41	8.61	8998.46	8.56
7274.45	8.81	7532.46	8.76	7717.45	8.56	8145.27	8.71	8506.27	8.66	9018.41	8.66
7281.45	8.80	7535.56	8.81	7755.34	8.85	8182.29	8.51	8522.28	8.78	9054.44	8.76
7298.39	8.71	7543.51	8.81	7840.61	8.59	8205.28	8.71	8542.29	8.61	9160.36	8.77
7307.39	8.79	7546.41	8.71	7841.29	8.59	8248.49	8.56	8571.25	8.61	9193.35	8.69
7320.32	8.75	7559.44	8.63	7866.49	8.71	8268.45	8.56	8622.54	8.59	9235.32	8.81
7325.42	8.66	7567.51	8.61	7870.52	8.66	8282.42	8.61	8654.50	8.61	9250.29	8.66
7333.43	8.61	7578.46	8.71	7907.47	8.76	8305.54	8.66	8677.45	8.71	9262.24	8.61
7335.45	8.59	7589.46	8.79	7927.45	8.80	8325.52	8.83	8695.44	8.63	9322.55	8.61
7343.40	8.66	7599.48	8.71	7949.43	8.80	8336.51	8.71	8752.49	8.61	9342.55	8.63
7359.40	8.61	7605.45	8.71	7986.46	8.81	8356.45	8.69	8765.51	8.71	9365.50	8.61
7372.39	8.56	7618.42	8.71	8023.44	8.82	8389.53	8.61	8798.43	8.63	9404.47	8.82
7384.40	8.71	7627.42	8.76	8036.45	8.85	8405.47	8.63	8817.48	8.61	9417.43	8.76
7481.32	8.79	7658.54	8.61	8053.60	8.56	8409.51	8.59	8840.46	8.59	9430.44	8.66
7483.28	8.80	7683.54	8.61	8069.43	8.56	8420.44	8.56	8854.51	8.56		
7506.47	8.79	7693.46	8.61	8077.53	8.53	8428.41	8.59	8905.26	8.76		

Die vorstehenden Beobachtungen ergeben nur geringe Helligkeitsänderungen zwischen den Grenzen $8^{m}45$ und $9^{m}0$, die in kurzen, aber unregelmäßig geformten Wellen mit Amplituden von $0^{m}1$ bis $0^{m}45$ und Längen zwischen 35 und 130 Tagen verlaufen, wobei Werte um 55 und 110 Tage etwas bevorzugt werden. Auch die mittlere Helligkeit der Sterne ist langsamen Schwankungen von im Mittel etwa 720 Tagen zwischen $8^{m}6$ und $8^{m}9$ unterworfen.

	Maxima		Minima			Maxima		Minima			Maxima		Minima	
J.D. 242	6976	$8^{m}84$	—	—	J.D. 242	7672	$8^{m}57$	7634	$8^{m}75$	J.D. 242	8487	$8^{m}57$	8447	$8^{m}77$
	7078	8.62	7012	$8^{m}95$		7725	8.54	7702	8.64		8556	8.53	8523	8.78
	7190	8.74	7142	8.87		7838	8.59	7776	8.97		8633	8.55	8584	8.65
	7298	8.70	7264	8.84		8073	8.52	8017	8.87		8720	8.51	8678	8.71
	7335	8.59	7314	8.80		8115	8.59	8103	8.63		8842	8.55	8778	8.72
	7368	8.54	7350	8.66		8178	8.50	8141	8.72		8975	8.48	8913	8.78
	7522	8.65	7497	8.85		8261	8.54	8217	8.75		9178	8.59	—	—
	7559	8.59	7540	8.82		8376	8.55	8325	8.83		9263	8.60	9223	8.86
	7611	8.69	7591	8.78		8418	8.54	8399	8.65		9348	8.57	9408	8.82

Beobachtete Grenzen des visuellen Lichtwechsels: $8^{m}45$ und $9^{m}0$; mittlere visuelle Amplitude: $0^{m}2$; Spektrum: S; Farbenindex: $+2^{m}48$; galaktische Breite: $+1^{0}$; μ Cephei-Art (I, 23. F, a). Lichtkurve wie AD Cyg.

V 395 Cygni

Der Lichtwechsel des im Jahre 1935 von O. MORGENROTH[88]) auf Sonneberger Platten gefundenen Veränderlichen soll nach der Entdeckungsanzeige mit einer Periode von rund 100 Tagen zwischen den Grenzen $8^{m}5$ und $9^{m}5$ (photographisch) verlaufen. Weitere Beobachtungen sind bislang nicht bekannt geworden.

Vergleichsterne

Bez.	BD-Nr.	photom. Gr.
V 395 Cyg	$+43^{0}$ 3505	var
a	$+43^{0}$ 3502	$8^{m}30$
b	$+43^{0}$ 3509	8.56
c	$+43^{0}$ 3514	7.95

Beobachtungen

J.D. 242...	Gr.	J.D. 242...	Gr.	J.D. 243...	Gr.	J.D. 243...	Gr.	J.D. 243...	Gr.	J.D. 243...	Gr.
9249.31	$8^{m}29$	9412.44	$8^{m}39$	2124.33	$8^{m}10$	2215.23	$8^{m}10$	2365.52	$8^{m}19$	2465.37	$8^{m}24$
9250.31	8.39	9413.47	8.37	2136.27	8.05	2219.24	8.14	2379.46	8.18	2470.37	8.18
9251.37	8.40	9416.46	8.37	2138.36	8.07	2262.51	8.17	2383.44	8.30	2480.34	8.30
9262.22	8.44	9420.49	8.40	2146.22	8.05	2270.53	8.30	2386.42	8.23	2482.34	8.30
9279.24	8.37	9424.50	8.40	2152.24	8.04	2288.50	8.30	2387.42	8.25	2489.32	8.33
9308.59	8.43	9430.51	8.42	2169.19	7.99	2293.48	8.20	2390.39	8.20	2494.34	8.30
9322.51	8.43	9436.52	8.36	2171.28	7.95	2294.49	8.17	2392.39	8.20	2509.29	8.35
9333.57	8.39	32071.42	8.12	2174.35	7.83	2300.50	8.17	2397.53	8.18	2525.23	8.38
9354.46	8.46	2076.47	8.07	2176.21	7.95	2302.52	8.17	2400.41	8.19	2533.30	7.95
9364.51	8.39	2092.46	8.18	2178.22	7.99	2316.48	8.24	2407.51	8.17	2537.28	8.22
9374.51	8.40	2103.38	7.95	2187.22	8.08	2320.50	8.22	2414.56	8.20	2621.41	8.14
9381.43	8.40	2104.34	8.07	2190.22	8.07	2323.46	8.19	2423.47	8.22	2638.55	8.24
9389.42	8.44	2111.35	8.10	2192.23	8.05	2331.53	8.24	2430.45	8.25	2656.46	8.30
9400.43	8.42	2113.37	7.95	2197.22	8.08	2335.43	8.35	2445.46	8.22	2667.46	8.30
9403.49	8.35	2117.34	8.07	2205.24	8.07	2348.51	8.42	2451.36	8.19	2678.46	8.30
9410.44	8.40	2118.30	8.10	2207.24	8.12	2361.46	8.25	2461.39	8.19	2703.44	8.30
										2715.53	8.30

88) Astron. Nachr. 255.425 (1935).

Die ersten, im Zeitabschnitt 1938 Dez. 16 bis 1939 Juni 21 erhaltenen 23 Beobachtungen ließen zunächst keine Helligkeitsänderungen erkennen. Der Stern wurde deshalb im September 1946 erneut unter Überwachung gestellt. Die neuen 74 Beobachtungen zwischen 1946 Sept. 7 und 1948 Juni 12 ergeben einen sehr unregelmäßig verlaufenden unperiodischen Lichtwechsel zwischen den Grenzen $7^{m}85$ und $8^{m}45$. Da die Lichtkurve keinen ausgesprochenen Wellen-Charakter trägt, ist eine Bestimmung der Zwischenzeiten der oft ganz unvermittelt auftretenden Maxima oder Minima bedeutungslos. Besonders hervortretende Extrema fanden zu den folgenden Zeiten statt:

	Maxima		Minima	
J.D.	243 2108	$8^{m}00$	243 2280	$8^{m}38$
	2174	7.85	2345	8.44
	2533	7.95		

Am Schluß der Beobachtung, 1948 April 14 bis Juni 12, ruhte der Lichtwechsel wieder in der konstanten Helligkeit $8^{m}30$.

Beobachtete Grenzen des visuellen Lichtwechsels: $7^{m}85$ und $8^{m}45$; Spektrum: Go; galaktische Breite: $+5^{0}$. RW Aurigae-Art (I, 22. G, a).

U Delphini

Der im Jahre 1884 von T. E. Espin entdeckte Veränderliche ist in den seither verflossenen 6 Jahrzehnten sehr viel beobachtet worden. Die Ergebnisse weichen überraschend stark voneinander ab. So wurden von den verschiedenen Beobachtern Perioden von 111^{d}, $14^{d}94$, 17^{d}, 110^{d}, 70^{d}, $343^{d}1$, 154^{d} und 88^{d} bestimmt. Auf Grund einer umfassenden Bearbeitung aller bis 1934 bekannt gewordenen Beobachtungen schildert E. R. Mustel[89]) den Lichtwechsel als völlig regellos zwischen den Grenzen $5^{m}6$ und $7^{d}5$. Auch die Schwankungen der mittleren Helligkeit sollen keine erkennbare Gesetzmäßigkeiten aufweisen. Neuerdings ist jedoch wieder eine von Mitgliedern der Assoc. Franç. Obs. Etoiles Var.[90]) gefundene Periode von 88 Tagen von E. Loreta[91]) bestätigt worden. Von dem Stern wurden hier 170 Beobachtungen zwischen 1932 Nov. 28 und 1939 Aug. 17 erhalten.

Vergleichsterne

Bez.	BD-Nr.	photom. Gr.
U Del	$+17^{0}$ 4401	var
b	$+17^{0}$ 4378	6.60
d	$+16^{0}$ 4363	7.35

Beobachtungen

J.D. 242...	Gr.	J.D. 242...	Gr.	J.D. 242...	Gr.	J.D. 242...	Gr.	J.D. 242...	Gr.	J.D. 242...	Gr.
7040.24	$6^{m}85$	7281.43	$7^{m}10$	7575.50	$7^{m}23$	7709.41	$7^{m}16$	8083.33	$7^{m}00$	8769.41	$7^{m}02$
7041.19	6.89	7282.41	7.16	7577.49	7.17	7715.36	7.15	8094.37	7.03	8785.40	6.81
7042.25	6.89	7295.45	7.15	7578.51	7.15	7725.26	7.14	8111.29	7.07	8798.41	6.77
7043.25	6.84	7298.39	7.14	7588.50	7.05	7739.33	7.07	8122.32	7.05	8817.37	6.79
7052.23	6.82	7307.41	7.50	7589.49	7.05	7755.27	7.03	8138.24	6.97	8866.25	6.79
7054.22	6.93	7309.40	7.55	7600.44	7.09	7765.33	7.04	8182.25	7.19	8998.58	7.15
7055.22	7.00	7319.34	7.67	7603.51	7.07	7781.28	7.08	8247.65	6.93	9017.55	6.92
7060.25	7.10	7321.34	7.63	7604.46	7.05	7926.55	7.03	8249.61	6.93	9022.55	7.02
7061.22	7.04	7325.37	7.57	7606.47	7.04	7927.50	7.05	8266.57	6.88	9038.51	7.00
7062.22	7.14	7326.39	7.55	7611.45	7.10	7932.56	7.00	8272.59	6.85	9045.53	7.00
7063.23	7.10	7333.36	7.65	7612.48	7.04	7948.45	7.07	8303.54	6.88	9054.47	6.93
7068.21	7.15	7335.50	7.50	7618.45	7.04	7952.48	7.03	8321.55	6.85	9062.47	6.85
7072.22	7.20	7336.40	7.50	7623.49	7.11	7960.48	7.03	8336.53	6.85	9087.52	6.88
7083.20	7.20	7340.33	7.35:	7625.52	7.07	7975.51	7.08	8389.53	7.08	9155.37	6.94
7087.24	7.07	7342.31	7.45	7627.53	7.04	7985.49	7.04	8403.51	7.05	9167.34	7.04
7093.25	7.07	7343.33	7.25	7628.41	7.02	7992.37	7.00	8408.43	7.12	9192.36	7.05
7094.24	7.05	7344.34	7.35	7657.49	6.81	7994.38	7.00	8420.42	7.12	9230.29	7.03
7097.22	7.06	7352.33	7.40	7658.48	6.81	7997.38	6.98	8424.48	7.15	9245.23	6.91
7180.55	7.12	7358.38	7.35	7664.46	6.81	8020.57	6.97	8429.39	7.15	9249.24	6.85
7185.58	7.15	7359.32	7.25	7669.47	6.90	8023.53	6.92	8462.35	7.10	9372.59	7.15
7188.55	7.14	7368.43	7.30	7676.37	7.10	8025.54	6.85	8505.26	7.07	9410.46	7.18
7214.46	7.50	7372.30	7.27	7677.42	7.06	8032.45	6.85	8522.22	7.07	9412.53	7.19
7259.50	7.20	7384.31	7.15	7684.48	7.03	8036.37	6.85	8526.24	7.07	9421.48	7.15
7262.49	7.24	7399.24	7.27	7687.44	6.97	8048.38	6.76	8654.51	6.97	9425.52	7.16
7273.53	7.19	7546.52	7.55	7689.48	6.97	8055.40	6.78	8677.46	7.10	9493.41	6.80
7274.46	7.15	7567.54	7.50	7691.37	6.97	8060.40	6.80	8691.53	7.04		
7277.41	7.14	7569.49	7.47	7692.48	6.97	8069.40	6.92	8694.44	7.06		
7279.50	7.14	7572.51	7.30	7706.38	7.14	8072.41	6.97	8714.48	6.98		
7280.50	7.15	7574.46	7.35	7708.32	7.15	8077.45	7.05	8751.45	6.91		

[89]) NNVS 4.387 (1935), dort auch Lichtkurve für die Zeit J.D. 242 1000—7000. — [90]) Bull. Assoc. Française Obs. Etoiles Var. 5.38 (1936). — [91]) Beob.-Zirk. 24.9 (1942).

Die Lichtkurve verläuft unregelmäßig in sehr verschieden geformten und zuweilen stark gestörten Wellen mit Längen von 30 bis über 200 Tagen und Amplituden von $0^m_{.}2$ bis $0^m_{.}9$ zwischen den Grenzen $6^m_{.}7$ und $7^m_{.}7$. Daneben schwankt die mittlere Helligkeit des Sterns in Wellen von rund 1100 Tagen zwischen $6^m_{.}8$ und $7^m_{.}4$.

	Maxima		Minima			Maxima		Minima	
J.D. 242	7041	$6^m_{.}85$	—	—	J.D. 242	8147	$6^m_{.}94$	8100	$7^m_{.}10$
	—	—	7077	$7^m_{.}20$		8305	6.84	8197:	7.26:
	7179:	7.1:	—	—		—	—	8433	7.15
	7289	7.10	7223	7.55		8739	6.87	8684	7.09
	7385	7.18	7319	7.66		8805	6.71	8767	7.02
	7653	6.74	7557	7.65		9075	6.77	9193	7.05
	7758	7.02	7714	7.17		9493:	6.8:	9408	7.18
	8051	6.76	7968	7.06					

Beobachtete Grenzen des visuellen Lichtwechsels: $6^m_{.}7$ und $7^m_{.}7$; Spektrum: Mb; galaktische Breite: — 17°; μ Cephei-Art (I, 23. F, a). Lichtkurve wie CQ Cas.

ST Delphini

Der Lichtwechsel des 1926 von F. E. Ross[91]) mit photographischen Helligkeitsschwankungen zwischen 11^m und $12^m_{.}5$ aufgefundenen Veränderlichen konnte 1928 von W. Zessewitsch[92]) bestätigt werden. Nach C. Hoffmeister[93]) und A. Jensch[94]) ergaben 78 Sonneberger Platten zwischen 1928 Aug. 19 und 1934 Sept. 15 langsame und zeitweise mit einem Zyklus von 102 Tagen verlaufende Helligkeitsänderungen zwischen den photographischen Grenzen $11^m_{.}2$ und $12^m_{.}3$. Die hier erhaltenen 8 Beobachtungen zwischen 1938 Okt. 19 und 1939 Juni 13 reichen für eine Beurteilung des Lichtwechsels nicht aus.

Vergleichsterne

Bez.	Ort 1855.0		photom. Gr.
ST Del	$20^h37^m59^s$	$+11°26'.5$	var
g	20 38.6	+11 30	$11^m_{.}32$
m	20 38.4	+11 31	11.42
s	20 38.0	+11 28	12.00

Beobachtungen

J.D. 242...	Gr.	J.D. 242...	Gr.
9191.39	$11^m_{.}86$	9410.47	$11^m_{.}42$
9193.30	11.84	9412.49	11.42
9230.28	11.72	9421.48	11.48
9250.22	11.84	9428.51	11.44

AO Delphini

Der im Jahre 1933 von C. Hoffmeister[95]) auf Sonneberger Platten entdeckte, rote Veränderliche soll nach den Angaben des Entdeckers unregelmäßige Helligkeitsschwankungen zwischen den Grenzen 12^m und $12^m_{.}5$ aufweisen. Auch A. Jensch[96]) fand auf 78 Sonneberger Platten aus der Zeit 1928 Aug. 19 bis 1934 Sept. 15 einen unperiodischen Lichtwechsel zwischen $11^m_{.}4$ und $12^m_{.}4$ (photogr.). Die hier erhaltenen 7 Einzelbeobachtungen zwischen 1938 Okt. 20 und 1939 Juni 14 reichen für eine Beurteilung des Lichtwechsels nicht aus.

Vergleichsterne

Bez.	Ort 1855.0		photom. Gr.
AO Del	$20^h33^m\ 6^s$	$+16°52'.0$	var
m	20 33 9	+16 47.5	$10^m_{.}91$
p	20 33 47	+16 52.2	11.38
g	20 33 8	+16 57.7	11.58
o	20 33 10	+16 51.0	11.42

Beobachtungen

J.D. 242...	Gr.	J.D. 242...	Gr.
9192.42	$11^m_{.}38$	9412.53	$11^m_{.}49$
9193.30	11.30	9421.47	11.33
9250.25	11.53	9429.50	11.34
9410.52	11.49		

AT Delphini

Nach übereinstimmenden Bemerkungen von C. Hoffmeister, S. Beljawsky[97]) und A. Jensch[96]) verläuft der Lichtwechsel dieses 1930 von C. Hoffmeister auf Sonneberger Platten entdeckten Veränderlichen in flachen, unperiodischen Wellen von etwa 30 bis 40 Tagen Dauer zwischen den Grenzen $11^m_{.}4$ und $12^m_{.}3$ (photogr.).

91) Astron. Journ. 36.167 (1925). — 92) NNVS 1, Nr. 7. — 93) Astron. Nachr. 238.194 (1930). — 94) Kl. Veröff. Babelsberg Nr. 19.38 (1938). — 95) Astron. Nachr. 251.25 (1934). — 96) Kl. Veröff. Babelsberg Nr. 19.45 (1938). — 97) NNVS 4.374.

Vergleichsterne

Bez.	Ort 1855.0		photom. Gr.
AT Del	$20^{h}\ 35^{m}\ 42^{s}$	$+14^{0}\ 49'$	var
b	20 36.0	+14 50	$11^{m}00$
c	20 35.6	+14 51	11.32

Beobachtungen

J.D. 24...	Gr.	J.D. 243...	Gr.	J.D. 243...	Gr.	J.D. 243...	Gr.	J.D. 243...	Gr.	J.D. 243...	Gr.
29167.35	$10^{m}75$	2187.25	$11^{m}13$	2355.50	$10^{m}90$	2403.42	$11^{m}02$	2449.32	$11^{m}00$	2494.41	$11^{m}15$
29192.41	11.15	2190.25	11.21	2363.50	11.00	2407.50	10.95	2461.40	11.08	2525.24	11.22
32113.40	10.85	2205.24	11.08	2379.46	11.05	2412.59	11.00	2465.38	11.15	2533.30	11.32
2138.38	11.18	2302.54	11.05	2382.43	11.00	2418.39	10.95	2470.37	11.00	2712.52	11.00
2146.28	11.29	2316.53	11.10	2386.47	11.00	2423.47	10.90	2478.38	11.05	2746.54	11.18
2152.27	11.06	2335.48	11.05	2390.55	11.05	2428.37	11.10	2480.33	11.10	2751.49	11.09
2169.27	11.21	2348.52	11.08	2395.40	11.05	2445.31	11.12	2489.35	11.15	2793.43	11.11
										2795.42	11.13
										2805.33	11.20

Die hier erhaltenen 44 Beobachtungen aus der Zeit 1938 Sept. 25 bis Okt. 20 und 1946 Okt. 19 bis 1948 Sept. 10 ergeben neben den bereits früher bemerkten flachen und unperiodischen Wellen von 30 bis 60 Tagen auch sehr langsam verlaufende Änderungen der mittleren Helligkeit zwischen $11^{m}0$ und $11^{m}3$. Die hier beobachteten Grenzen des visuellen Lichtwechsels liegen zwischen $10^{m}85$ und $11^{m}35$. Spektrum: unbekannt; galaktische Breite: -17^{0}; μ Cephei-Art? (I, 23, F, a?). Lichtkurve wie AD Cyg.

S Draconis

Die zahlreichen Beobachtungen dieses seit 1892 bekannten Veränderlichen haben zu recht abweichenden Ergebnissen geführt. Nach Gesch. u. Lit. Veränd. Sterne II, 2.76 trifft die 1902 von K. Bohlin[98]) abgeleitete Periode von $298^{d}6$ nicht zu. Nach H. Ludendorff[99]), W. Doberck[100]) und L. Jacchia[101]) sind keine Anzeichen eines periodischen Lichtwechsels zu finden. In der Zeit 1938 Sept. 27 bis 1939 Juni 10 wurden hier 18 Helligkeitsschätzungen gewonnen.

Vergleichsterne

Bez.	BD-Nr.	photom. Gr.
S Dra	$+55^{0}$ 1870	var
e	$+54^{0}$ 1827	$8^{m}36$
a	$+55^{0}$ 1873	8.60
d	$+54^{0}$ 1828	8.91
b	$+55^{0}$ 1864	8.97
c	$+54^{0}$ 1830	9.49

Beobachtungen

J.D. 242...	Gr.	J.D. 242...	Gr.	J.D. 242...	Gr.	J.D. 242...	Gr.	J.D. 242...	Gr.	J.D. 242...	Gr.
9169.34	$8^{m}96$	9235.39	$8^{m}97$	9321.39	$9^{m}49$	9341.37	$9^{m}49$	9371.38	$9^{m}34$	9412.42	$8^{m}91$
9174.33	9.11	9250.28	9.19	9325.40	9.57	9354.43	9.49	9388.43	9.20	9421.51	8.76
9193.40	9.08	9274.53	9.22	9328.34	9.61	9364.52	9.37	9404.46	9.07	9425.52	8.76

Der erste Teil der Lichtkurve, J.D. 242 9165—9315, ist mit nur 6 Beobachtungen belegt, die mit $\pm\ 0^{m}1$ um die geglättete Kurve streuen und nur eine geringe Sicherheit verbürgen. Der wesentlich besser beobachtete Anstieg des Lichts aus dem Minimum $9^{m}57$ zur Helligkeit $8^{m}7$ am Schluß der Reihe verläuft sehr glatt. Im übrigen reichen die wenigen Beobachtungen zu einer Beurteilung des Lichtwechsels nicht aus.

Nach L. Jacchia: μ Cephei-Art (I, 23. F, a); Spektrum: Mc; galaktische Breite: $+39^{0}$. Lichtkurve wie AD Cyg.

TU Geminorum

Der von T. W. Backhouse[102]) im Jahre 1892 entdeckte unregelmäßige Lichtwechsel zwischen den Grenzen $7^{m}35$ und $8^{m}66$ (visuell) wurde von O. C. Wendell[103]) auf Grund von Beobachtungen aus den Jahren 1902—1905 mit einer Amplitude von $0^{m}94$ bestätigt. Eine 1914 von C. Hoffmeister[104]) in Angriff genommene Überwachung des Sterns ergab regellose Helligkeitsänderungen mit einer wesentlich kleineren Helligkeitsamplitude. Nach S. Böhme[105]), der den Veränderlichen auf 84 Bamberger Ernostarplatten aus den Jahren 1929—1938 untersuchte, verläuft der Lichtwechsel sehr langsam und

[98]) Astron. Nachr. **159**.275 (1902). — [99]) Astron. Nachr. **219**.5 (1923). — [100]) Journ. Obs. **2**.126. — [101]) Bologna Publ. **2**.238. — [102]) Sunderland Publ. **2**.129. — [103]) Harv. Ann. **55**.38. — [104]) G. u. L. I, **1**.185. — [105]) Astron. Nachr. **268**.72 (1938).

unperiodisch zwischen den Grenzen $11^{m}2$ und $12^{m}4$ (photogr.). Manchmal bleibt die Helligkeit auf längere Zeit fast konstant. Die hier erhaltenen 127 Beobachtungen aus der Zeit 1929 Febr. 27 bis 1939 Mai 2 überdecken den gleichen Zeitabschnitt wie die Bamberger Ernostaraufnahmen.

Vergleichsterne

Bez.	BD-Nr.	photom. Gr.
TU Gem	$+26^{0}$ 1117	var
m	$+25^{0}$ 1128	$8^{m}12$
p	$+26^{0}$ 1125	8.74
r	$+25^{0}$ 1147	8.94

Beobachtungen

J.D. 242...	Gr.	J.D. 242...	Gr.	J.D. 242...	Gr.	J.D. 242...	Gr.	J.D. 242...	Gr.	J.D. 242...	Gr.
5670.44	$8^{m}41$	7087.38	$7^{m}90$	7359.48	$8^{m}12$	7858.41	$8^{m}10$	8422.54	$8^{m}07$	8853.57	$8^{m}49$
5672.42	8.36	7093.57	7.90	7363.44	8.23	7866.39	8.15	8428.50	8.12	8905.38	8.47
5686.37	8.36	7095.38	7.96	7384.44	7.96	7870.38	8.11	8450.46	8.17	8923.52	8.46
5687.35	8.36	7097.45	7.90	7482.42	7.90	7876.36	8.35	8481.53	7.96	8938.37	8.56
5698.37	8.36	7118.46	7.96	7483.44	7.85	7907.36	8.32	8489.48	8.25	8998.35	8.87
5882.43	8.36	7123.46	7.79	7530.35	7.85	8047.53	7.96	8493.38	8.28	9013.37	8.46
6264.44	7.97	7124.33	7.90	7534.37	7.90	8053.53	8.17	8505.39	8.28	9166.53	8.39
6281.41	8.08	7132.40	7.90	7535.38	7.90	8069.52	8.34	8517.42	8.45	9195.48	8.67
6360.33	8.36	7144.39	7.88	7543.37	7.85	8081.51	8.38	8522.36	8.56	9235.36	8.58
6584.52	8.19	7145.35	7.85	7554.36	7.90	8088.48	8.38	8528.45	8.56	9249.41	8.69
6972.51	8.19	7152.43	7.96	7567.38	7.77	8122.45	8.83	8551.35	8.39	9250.35	8.65
6984.51	8.28	7153.40	8.01	7688.57	8.34	8140.40	9.03	8571.46	8.49	9261.38	8.65
6985.52	8.33	7157.37	7.96	7689.56	8.28	8180.43	8.87	8601.40	8.44	9274.46	8.65
6986.56	8.20	7176.38	8.07	7717.48	8.47	8204.47	8.58	8626.39	8.23	9280.37	8.59
7030.38	7.86	7180.36	7.96	7728.47	8.43	8237.34	7.96	8654.36	7.85	9293.45	8.58
7034.33	7.96	7189.35	7.88	7739.44	8.46	8244.36	7.96	8777.54	8.28	9302.39	8.58
7042.41	7.96	7190.35	7.99	7745.51	8.43	8254.35	7.96	8784.55	8.37	9311.35	8.58
7060.37	8.07	7195.36	7.92	7755.43	8.37	8267.37	8.01	8798.51	8.34	9321.35	8.58
7063.26	7.99	7332.57	8.31	7781.40	8.37	8282.37	8.01	8806.55	8.50	9325.34	8.53
7068.29	7.99	7343.47	8.28	7832.44	7.98	8396.58	8.31	8816.53	8.58	9340.38	8.46
7070.48	7.96	7345.53	8.32	7840.53	7.88	8407.56	8.25	8840.53	8.56	9354.34	8.53
										9386.36	8.55

Die visuellen Beobachtungen ergeben abweichend von den gleichzeitig erhaltenen photographischen Ergebnissen von S. Böhme einen eher lebhaften als trägen Lichtwechsel zwischen den Grenzen $7^{m}5$ und $9^{m}1$. Da die jährliche Sichtbarkeitsdauer des Sterns auf die Monate September bis April beschränkt ist, kann die Lichtkurve nur abschnittsweise dargestellt werden. Trotz der großen Unregelmäßigkeiten ihres Aufbaus läßt sich der Gesamtverlauf der Kurve recht sicher beurteilen. Im wesentlichen treten bucklige Wellen mit Längen von etwa 180 bis 230 Tagen und Amplituden von $0^{m}5$ bis $1^{m}5$ hervor, deren Gestalt und Höhen stark voneinander abweichen, zumal da kürzere sekundäre Schwankungen beträchtlichen Ausmaßes ihren ohnehin schon regellosen Aufbau erheblich stören und zahlreiche Nebenphasen bilden. Die Längen dieser sekundären Wellen mit Amplituden von $0^{m}1$ bis $0^{m}3$ schwanken zwischen etwa 30 und 65 Tagen, wobei Werte um 50 Tage bevorzugt scheinen. Längere Zeitspannen mit fast konstanter Helligkeit (s. o.) wurden visuell nicht bemerkt. Im übrigen verläuft aber der Lichtwechsel so regellos, daß Haupt- und Nebenphasen nicht sicher zu unterscheiden sind. Für einige stärker hervortretende Maxima und Minima konnten die folgenden Epochen bestimmt werden.

	Maxima		Minima			Maxima		Minima	
J.D. 242	7139	$7^{m}82$	6981	$8^{m}30$	J.D. 242	8471	$7^{m}70$	—	—
	7604:	7.5:	7339	8.33		8701:	7.6:	8526	$8^{m}57$
	7843	7.86	7729	8.45		8870:	8.4:	8826	8.60
	8005:	7.5:	7890	8.4		9083:	7.9:	8987	9.03
	8247	7.93	8151	9.07		9339	8.45	9204	8.70

TU Gem gehört zu den unperiodischen, roten Veränderlichen vom Typus μ Cephei (I, 23. F, a); beobachtete Grenzen des visuellen Lichtwechsels: $7^{m}5$ und $9^{m}1$; mittlere visuelle Amplitude der Hauptschwankungen: $0^{m}8$; Spektrum: N3; Farbenindex: $+3^{m}5$; galaktische Breite: $+5^{0}$. Lichtkurve s. Abb. 1.

TV Geminorum

Der bereits 1892 von T. W. BACKHOUSE[106]) entdeckte Lichtwechsel des Sterns ist inzwischen von verschiedenen Seiten untersucht worden. Während C. HOFFMEISTER[107]), A. V. NIELSEN[108]), F. LAUSE[109]) und G. MICZAIKA[110]) in Übereinstimmung mit dem Entdecker völlig unregelmäßige Helligkeitsschwankungen vorfanden, glaubte S. SELIWANOW[111]) einen halbregelmäßigen Lichtwechsel mit einer mittleren Periode von 425 Tagen nachweisen zu können. Eine neuerdings von S. BÖHME[112]) auf 84 Bamberger Ernostarplatten aus den Jahren 1929—38 vorgenommene Untersuchung des Sterns läßt auf sehr langsame und unregelmäßige Helligkeitsänderungen zwischen $9^{m}6$ und $10^{m}2$ (photogr.) schließen. Dieses Ergebnis steht jedoch hinsichtlich der gefundenen Helligkeitsamplitude im Widerspruch zu den im folgenden mitgeteilten, gleichzeitig hier erhaltenen 127 Beobachtungen (1930 Okt. 14 bis 1939 Mai 2).

Vergleichsterne

Bez.	BD-Nr.	photom. Gr.
TV Gem	+ 21° 1146	var
a	+ 20° 1302	$6^{m}86$
b	+ 22° 1220	7.08
c	+ 22° 1180	7.33
d	+ 21° 1143	7.51
e	+ 23° 1262	8.13

Beobachtungen

J.D. 242...	Gr.	J.D. 242...	Gr.	J.D. 242...	Gr.	J.D. 242...	Gr.	J.D. 242...	Gr.	J.D. 242...	Gr.
6264.44	$7^{m}11$	7124.32	$6^{m}81$	7512.39	$6^{m}88$	7870.38	$6^{m}80$	8489.48	$7^{m}85$	8947.42	$7^{m}59$
6584.51	7.11	7132.40	6.86	7530.35	6.90	7907.36	6.87	8493.38	7.89	8998.35	7.41
6972.51	7.11	7144.38	6.81	7533.36	6.86	8053.53	6.82	8505.39	7.83	9013.37	7.46
6976.51	7.06	7145.35	6.81	7535.37	6.83	8069.52	6.74	8517.41	7.82	9166.53	7.46
6978.50	7.11	7152.43	6.86	7543.37	6.81	8081.51	6.79	8522.36	7.80	9195.48	7.39
6979.52	7.11	7157.37	6.81	7554.35	6.86	8088.48	6.83	8528.45	7.79	9234.43	7.21
6984.50	7.06	7176.37	6.81	7562.39	7.10	8122.45	6.87	8551.35	7.76	9235.36	7.21
6986.56	7.01	7180.35	6.91	7567.38	7.00	8140.39	6.79	8571.45	7.93	9249.40	6.97
7030.37	7.06	7189.35	6.86	7688.56	6.88	8180.42	6.84	8601.39	7.94	9250.36	6.97
7034.37	6.81	7190.35	6.86	7689.56	6.88	8187.53	6.80	8626.39	7.71	9261.37	6.87
7040.37	6.81	7195.35	6.91	7715.47	6.84	8204.47	6.74	8654.36	7.67	9274.46	6.87
7042.41	6.81	7332.57	6.86	7717.48	6.84	8237.33	6.69	8777.54	7.61	9280.37	6.84
7052.39	6.91	7343.48	6.76	7728.46	6.84	8244.36	6.76	8784.55	7.86	9293.45	6.81
7060.37	6.71	7345.53	6.86	7739.44	6.85	8254.35	6.81	8798.50	7.68	9302.39	6.85
7068.29	6.81	7359.48	6.91	7745.51	6.88	8267.37	6.81	8806.55	7.83	9311.35	6.85
7070.47	6.81	7363.44	6.81	7755.43	6.83	8282.37	6.72	8816.53	7.76	9321.35	6.85
7078.31	6.81	7372.44	6.91	7781.40	6.77	8407.56	7.81	8840.53	7.70	9325.34	6.86
7087.38	6.81	7384.44	6.81	7832.44	6.75	8422.54	7.77	8853.57	7.73	9329.39	6.82
7093.57	6.71	7482.42	6.71	7840.52	6.86	8428.50	7.67	8905.38	7.63	9340.38	6.86
7095.37	6.81	7483.44	6.76	7858.41	6.76	8450.46	7.76	8923.51	7.46	9354.34	6.87
7097.45	6.76	7506.34	6.71	7866.39	6.77	8481.53	7.88	8938.36	7.51	9364.33	6.86
										9386.35	6.86

Die Lichtkurve (s. Abb. 1) zeigt einen eigenartigen Verlauf. Zu Anfang, 1930 Okt. 14 bis 1936 Mai 11, schwankt die Helligkeit in sehr langgestreckten und flachen Wellen mit Amplituden von rund $0^{m}4$ um die mittlere Helligkeit $6^{m}85$. Diese Hauptwellen mit Längen von etwa 340 bis 420 Tagen sind von kürzeren, niedrigen und unregelmäßigen Wellen von $0^{m}2$ bis $0^{m}3$ mit Längen von 25 bis zu 80 Tagen überlagert, die zahlreiche sekundäre Maxima und Minima erzeugen. 1936 Mai 11 setzt plötzlich ein ziemlich rasches Absinken der mittleren Helligkeit von $6^{m}85$ auf $7^{m}8$ ein, das nach etwa 100 Tagen zum Stillstand kommt. Im weiteren Verlauf nimmt die Helligkeit nur noch unbedeutend ab und erreicht um die Zeit des Minimums 1937 Febr. 23 mit $7^{m}9$ ihren tiefsten Stand. Unter Fortführung der oben beschriebenen geringen Schwankungen steigt dann das Licht zunächst äußerst langsam, von Ende Okt. 1938 ab aber plötzlich ziemlich rasch auf die Helligkeit $6^{m}85$ zurück, in der es von Ende Dezember 1938 bis zum Schluß der Beobachtung 1939 Mai 2 ohne nennenswerte sekundäre Störungen fast konstant bleibt. Gesetzmäßigkeiten des Lichtwechsels sind nicht aufzufinden.

Maxima		Minima		Maxima		Minima	
J.D. 242 7102	$6^{m}77$	—	—	J.D. 242 8299	$6^{m}64$*	(8261	$6^{m}83$)
7450:	6.7:	7262:	$6^{m}95$:	(8435	7.60)	(8413	7.84)
7810	6.75	7603	7.15	(8545	7.73)	(8480	7.88)
8071	6.75*	7993:	7.05	8645	7.64*	8588	8.00
8151	6.76*	(8108	6.89)	8927	7.44*	—	—
8226	6.63*	(8180	6.85)	9308	6.82	(8954	7.60)

* = Teilphasen; ( ) = sekundäre Phasen.

106) Sunderland Publ. **2**.128. — 107) Sonneberger Mitt. 20. — 108) Nord. Astr. Tidsskrift **8**.116. — 109) NNVS 11 u. Beob.-Zirk. **11**.44. — 110) Beob.-Zirk. **15**.33. — 111) Mirow. Bull. **20**. — 112) Astron. Nachr. **268**.72 (1938).

TV Gem gehört zu den unperiodischen Veränderlichen vom Typus BY Serpentis (I, 23. F, b); beobachtete Grenzen des visuellen Lichtwechsels: $6^{\mathrm{m}}7$ und $8^{\mathrm{m}}0$; Spektrum: Ma; galaktische Breite: $+3^{0}$. Lichtkurve s. Abb. 1.

TW Geminorum

Der Veränderliche soll nach der Entdeckungsanzeige von A. Tass[112a]) im Jahre 1905 einen visuellen Lichtwechsel zwischen den Grenzen $7^{\mathrm{m}}98$ und $9^{\mathrm{m}}44$ gezeigt haben. W. Münch[113]) und C. Hoffmeister[114]) konnten wohl die Veränderlichkeit bestätigen, fanden 1908—09 aber nur geringe Schwankungen von etwa $0^{\mathrm{m}}3$ bis $0^{\mathrm{m}}5$. Spätere Beobachtungen des Sterns von M. Esch[115]), F. Link[116]), W. Doberck[117]), L. Campbell[118]), L. Detre[119]) und P. Parenago[120]) ließen entweder keine oder nur äußerst geringfügige Helligkeitsänderungen erkennen. In der Zeit 1930 Okt. 14 bis 1939 April 11 wurden hier die folgenden 111 Beobachtungen erhalten.

Vergleichsterne

Bez.	BD-Nr.	photom. Gr.
TW Gem	+ 22° 1576	var
a	+ 22° 1569	$8^{\mathrm{m}}13$
b	+ 22° 1575	8.70

Beobachtungen

J.D. 242...	Gr.	J.D. 242...	Gr.	J.D. 242...	Gr.	J.D. 242...	Gr.	J.D. 242...	Gr.	J.D. 242...	Gr.
6264.46	$8^{\mathrm{m}}45$	7332.58	$8^{\mathrm{m}}48$	7755.44	$8^{\mathrm{m}}46$	8096.53	$8^{\mathrm{m}}43$	8518.46	$8^{\mathrm{m}}39$	9013.38	$8^{\mathrm{m}}41$
6281.42	8.41	7345.54	8.46	7781.40	8.41	8122.46	8.41	8522.40	8.41	9166.54	8.39
6984.57	8.30	7359.49	8.37	7832.45	8.37	8140.39	8.41	8528.45	8.43	9195.49	8.44
7061.32	8.47	7372.46	8.49	7840.53	8.37	8180.43	8.39	8551.35	8.37	9235.38	8.43
7068.40	8.48	7482.39	8.48	7841.44	8.37	8187.52	8.36	8571.45	8.39	9249.42	8.41
7082.43	8.52	7483.43	8.46	7858.37	8.41	8204.47	8.39	8578.43	8.37	9251.46	8.41
7087.44	8.36	7488.28	8.47	7865.42	8.41	8209.36	8.38	8601.41	8.39	9261.38	8.41
7095.37	8.48	7506.41	8.43	7867.45	8.36	8229.40	8.39	8626.39	8.38	9274.47	8.40
7124.32	8.41	7512.42	8.49	7870.39	8.38	8237.30	8.36	8654.36	8.40	9280.36	8.43
7132.46	8.34	7530.35	8.49	7876.37	8.38	8244.37	8.36	8806.56	8.41	9302.39	8.41
7144.40	8.40	7533.39	8.46	7889.44	8.37	8248.32	8.41	8816.53	8.40	9311.35	8.41
7145.43	8.37	7535.38	8.45	7899.36	8.39	8254.36	8.41	8840.54	8.38	9321.37	8.41
7152.44	8.31	7543.37	8.47	7906.35	8.39	8267.35	8.39	8853.57	8.41	9325.35	8.41
7155.41	8.35	7554.36	8.46	7907.36	8.37	8278.40	8.39	8876.36	8.36	9340.38	8.40
7157.38	8.37	7567.38	8.46	7916.37	8.41	8423.55	8.38	8905.37	8.40	9354.35	8.44
7176.38	8.41	7688.57	8.49	7926.35	8.37	8452.55	8.41	8923.40	8.38	9365.33	8.41
7180.36	8.42	7717.50	8.51	8053.56	8.47	8481.52	8.41	8935.29	8.36		
7189.36	8.41	7728.47	8.49	8069.53	8.47	8506.34	8.41	8947.42	8.37		
7195.37	8.39	7745.51	8.45	8081.52	8.44	8517.42	8.44	8978.41	8.38		

Auch in den Jahren 1930—39 waren nur zeitweilig schwache Andeutungen eines Lichtwechsels zwischen den Grenzen $8^{\mathrm{m}}3$ und $8^{\mathrm{m}}5$ (visuell) zu bemerken. Die Beobachtungen erlauben abschnittsweise eine recht sichere Festlegung der Lichtkurve. Da die Lage des Sterns und das Beobachtungsverfahren das Auftreten von systematischen und periodischen Fehlern, insbesondere eines Stundenwinkel-Fehlers, ausschließen, dürften die in den Jahren 1932—36 vorgefundenen sehr flachen Wellen mit Längen von etwa 250 bis 360 Tagen und Amplituden von kaum $0^{\mathrm{m}}15$ als reell anzusehen sein. Von 1936 Mai bis zum Schluß der Beobachtung 1939 April blieb die Helligkeit völlig unverändert $8^{\mathrm{m}}4$.

	Maxima		Minima	
J.D. 242	7151	$8^{\mathrm{m}}30$	7057	$8^{\mathrm{m}}47$
	7597	8.43	—	—
	7862	8.36	7685	8.50
	8216	8.36	8024	8.48

TW Gem dürfte danach nur zeitweilig unperiodisch veränderlich sein. BY Serpentis-Art (I, 23. F, b); beobachtete Grenzen des visuellen Lichtwechsels: $8^{\mathrm{m}}3$ und $8^{\mathrm{m}}5$; Spektrum: K5; galaktische Breite: $+15^{0}$. Lichtkurve wie CO Cyg.

WY Geminorum

Die im Jahre 1901 von T. W. Backhouse[121]) entdeckte Veränderlichkeit des Sterns wurde von H. Shapley[122]) auf Harvard-Platten bestätigt. Nach Backhouse war in den Jahren 1901—04 ein unregelmäßiger, visueller Lichtwechsel zwischen den Grenzen $7^{\mathrm{m}}20$ und $8^{\mathrm{m}}05$ vorhanden. Später scheinen diese beträchtlichen Helligkeitsänderungen zeitweilig ganz zum Stillstand gekommen zu sein. So fand S. Böhme[123]) auf 84 Bamberger Ernostarplatten aus den Jahren 1929—38 innerhalb $\pm 0^{\mathrm{m}}1$

112a) Astron. Nachr. **168**.321 (1905). — 113) Astron. Nachr. **182**.117 (1909). — 114) unveröff. Manuskr. Sonneberg. — 115) Valkenburg Veröff. I.291. — 116) Lyon Bull. **9**.117. — 117) Journ. Obs. **7**.88. — 118) Harv. Circ. 279. — 119) V.J.S. **70**.142. — 120) NNVS 43. — 121) Sunderland Publ. **2**.141. — 122) Harv. Bull. 767 (1922). — 123) Astron. Nachr. **268**.71 (1938).

die konstante photographische Größe $10^{\mathrm{m}}3$. Auch K. HIMPEL[124]) konnte auf 63 Ernostarplatten des gleichen Zeitabschnitts nur langsam verlaufende, unregelmäßige Helligkeitsänderungen zwischen den Grenzen $9^{\mathrm{m}}5$ und $9^{\mathrm{m}}7$ (photographisch) feststellen. Die im folgenden wiedergegebenen 215 Beobachtungen zwischen 1927 Okt. 20 und 1939 Mai 2 überdecken gleichfalls den von BÖHME und HIMPEL untersuchten Zeitabschnitt und ergänzen somit die photographischen Ergebnisse.

Vergleichsterne

Bez.	BD-Nr.	photom. Gr.
WY Gem	+ 23° 1243	var
a	+ 23° 1232	$6^{\mathrm{m}}79$
b	+ 22° 1220	7.08
c	+ 22° 1180	7.33
e	+ 23° 1262	8.13

Beobachtungen

J.D. 242...	Gr.	J.D. 242...	Gr.	J.D. 242...	Gr.	J.D. 242...	Gr.	J.D. 242...	Gr.	J.D. 242...	Gr.
5174.49	$7^{\mathrm{m}}28$	5714.35	$7^{\mathrm{m}}34$	6978.50	$7^{\mathrm{m}}19$	7339.51	$7^{\mathrm{m}}29$	7870.38	$7^{\mathrm{m}}27$	8601.40	$7^{\mathrm{m}}49$
5183.42	7.33	5883.46	7.34	6979.52	7.19	7343.48	7.23	7876.36	7.31	8626.39	7.28
5184.48	7 40	5892.42	7.21	6984.50	7.19	7345.53	7.29	7906.35	7.33	8654.35	7.49
5200.44	7.27	5900.46	7.28	6985.52	7.21	7359.48	7.27	7919.40	7.28	8777.54	7.42
5203.41	7.27	5922.36	7.22	6986.56	7.24	7363.44	7.23	7926.35	7.34	8784.55	7.49
5204.37	7.46	5928.40	7.33	7030.37	7.26	7368.48	7.29	8047.53	7.36	8798.50	7.44
5210.41	7.46	5936.40	7.33	7034.33	7.24	7372.44	7.29	8053.53	7.34	8806.55	7.46
5235.33	7.35	5939.35	7.30	7039.43	7.19	7384.44	7.31	8069.52	7.34	8816.53	7.44
5242.38	7.35	5963.33	7.24	7040.36	7.21	7482.42	7.23	8081.51	7.36	8840.53	7.38
5248.44	7.36	5964.33	7.26	7042.41	7.21	7483.44	7.28	8088.48	7.44	8853.57	7.44
5257.29	7.40	5984.39	7.28	7052.39	7.24	7506.34	7.33	8096.51	7.41	8905.38	7.55
5301.34	7.31	6016.47	7.32	7060.37	7.30	7512.39	7.30	8122.45	7.43	8923.51	7.46
5305.29	7.35	6024.29	7.33	7061.31	7.24	7530.34	7.27	8140.38	7.46	8938.36	7.44
5319.37	7.35	6026.28	7.31	7062.36	7.21	7533.36	7.28	8180.42	7.42	8947.42	7.46
5325.34	7.35	6034.30	7.26	7065.30	7.24	7534.37	7.24	8187.53	7.49	8998.35	7.44
5500.50	7.36	6038.32	7.31	7068.29	7.21	7535.37	7.24	8204.47	7.22	9013.37	7.44
5504.50	7.34	6264.44	7.22	7070.47	7.29	7543.36	7.24	8205.45	7.38	9166.53	7.55
5506.50	7.34	6275.42	7.18	7078.31	7.30	7546.37	7.28	8237.34	7.44	9195.47	7.53
5508.49	7.34	6281.41	7.21	7087.38	7.19	7554.34	7.24	8244.36	7.53	9234.43	7.53
5511.51	7.34	6314.38	7.24	7093.57	7.24	7562.39	7.34	8254.35	7.53	9235.36	7.50
5533.45	7.31	6360.32	7.24	7095.37	7.30	7567.37	7.34	8267.37	7.49	9249.40	7.50
5560.43	7.35	6368.48	7.23	7097.45	7.30	7688.56	7.23	8282.38	7.44	9250.36	7.53
5576.43	7.27	6429.39	7.32	7124.32	7.24	7689.56	7.31	8396.57	7.46	9261.37	7.50
5581.37	7.34	6433.32	7.34	7132.40	7.28	7715.46	7.27	8407.56	7.44	9274.46	7.53
5583.26	7.31	6440.37	7.42	7144.38	7.30	7717.48	7.27	8422.54	7.49	9280.37	7.53
5591.32	7.29	6584.51	7.37	7145.35	7.24	7728.46	7.27	8428.50	7.49	9293.45	7.53
5612.35	7.34	6595.51	7.35	7152.43	7.28	7739.44	7.28	8450.46	7.49	9302.39	7.53
5617.26	7.28	6604.50	7.35	7153.40	7.28	7743.38	7.29	8481.53	7.49	9311.35	7.53
5620.28	7.31	6608.46	7.37	7156.44	7.30	7745.51	7.28	8489.48	7.46	9321.36	7.55
5625.25	7.37	6609.44	7.35	7157.37	7.30	7755.43	7.34	8493.38	7.46	9325.34	7.53
5643.41	7.33	6624.44	7.39	7176.37	7.30	7781.40	7.30	8505.39	7.53	9329.39	7.55
5644.26	7.37	6626.43	7.33	7180.35	7.30	7832.43	7.38	8517.41	7.53	9340.38	7.53
5662.37	7.35	6629.44	7.28	7189.35	7.35	7840.52	7.31	8522.35	7.49	9354.33	7.50
5672.42	7.37	6642.42	7.33	7190.35	7.30	7843.27	7.31	8528.45	7.53	9364.33	7.55
5686.35	7.33	6972.51	7.24	7195.36	7.35	7858.40	7.35	8551.35	7.55	9386.36	7.55
5699.34	7.33	6976.51	7.29	7332.57	7.27	7866.39	7.35	8571.45	7.46		

Da der Stern infolge seiner Lage nur im Winterhalbjahr (Ende August bis Anfang Mai) beobachtet werden konnte, gliedert sich die Lichtkurve in eine Reihe von Abschnitten. Zu Beginn der Beobachtung pendelt die Helligkeit in kaum wahrnehmbaren, aber anscheinend reellen Wellen mit Amplituden von $0^{\mathrm{m}}05$ bis $0^{\mathrm{m}}07$ und Längen von etwa 60 bis 70 Tagen zwischen J.D. 242 5662 und 5714 um den Mittelwert $7^{\mathrm{m}}33$ und zwischen J.D. 242 5883 und 6038 um $7^{\mathrm{m}}27$. Im Abschnitt J.D. 242 6264—6440 nimmt die mittlere Helligkeit ganz langsam von $7^{\mathrm{m}}23$ auf $7^{\mathrm{m}}35$ ab. In dieser Helligkeit verharrt der Stern auch noch J.D. 242 6584—6642. Zu Beginn der folgenden Sichtbarkeitsperiode ist die mittlere Helligkeit wieder auf $7^{\mathrm{m}}23$ angestiegen, sinkt dann aber wieder äußerst langsam, begleitet von etwas lebhafteren sekundären Wellen mit Amplituden von etwa $0^{\mathrm{m}}12$ und Längen von 25 bis 30 Tagen zwischen J.D. 242 6972 und 242 7195 von $7^{\mathrm{m}}23$ auf $7^{\mathrm{m}}33$. In den folgenden Jahren J.D. 242 7332—7567 und 7688—7926 sind wieder die ursprünglichen 60- bis 70tägigen Wellen angedeutet (mittlere Helligkeit $7^{\mathrm{m}}27$ bis $7^{\mathrm{m}}30$). Eine auffällige Änderung setzt im anschließenden Abschnitt J.D. 242 8047—8282 ein, in dem die mittlere Helligkeit langsam auf $7^{\mathrm{m}}50$ abnimmt. Aus diesem Helligkeitsniveau, das bis zum

[124]) Astron. Nachr. **270**.186.

Schluß der Beobachtungsperiode erhalten bleibt, erheben sich in Abständen von etwa 210 Tagen kurze, aber deutliche Maxima bis zur Höhe $7^{m}30$, die vielleicht als besonders gut entwickelte Phasen der bereits erwähnten 70tägigen Wellen zu deuten sind.

Maxima: J.D. 242	8206	$7^{m}30$
	8408	7.44
	8624	7.30
	8844	7.39

Im letzten Abschnitt J.D. 242 9166—9386 schwankt die Helligkeit nur noch ganz langsam und schwach mit $\pm 0^{m}02$ um den Mittelwert $7^{m}52$.

μ Cephei-Art (I, 23. F, a); beobachtete Grenzen des visuellen Lichtwechsels $7^{m}15$ und $7^{m}55$; Spektrum: M3ep; Farbenindex: $+2^{m}8$:; galaktische Breite: $+4^{0}$. Lichtkurve wie CO Cyg.

AB Geminorum

Die Veränderlichkeit des bereits im Jahre 1896 von T. E. ESPIN[125]) verdächtigten roten Sterns konnte von K. GRAFF[126]) bestätigt werden, der 1928 visuelle Helligkeitsschwankungen zwischen $8^{m}2$ und $9^{m}8$ fand. Nach P. PARENAGO[127]) liegen die photographischen Helligkeiten auf 18 Platten zwischen $13^{m}8$ und $14^{m}6$. Der von ihm daraus abgeleitete ungewöhnliche Farbenindex von $+5^{m}0$ dürfte indessen zu groß sein, da die hier erhaltenen photometrischen Anschlüsse des Sterns die erheblich niedrigeren visuellen Grenzhelligkeiten $9^{m}85$ und $11^{m}35$ ergaben. Diese Größen erklären auch ohne weiteres das Fehlen des Sterns in der Bonner Durchmusterung. In der Zeit 1932 Okt. 31 bis 1939 Mai 2 wurden hier die folgenden 156 Beobachtungen gewonnen. Trotz sehr günstig gelegener Vergleichsterne war die Helligkeitsschätzung des Veränderlichen wegen seiner starken Färbung und des damit verbundenen stechenden Glanzes etwas schwierig.

Vergleichsterne

Bez.	BD-Nr. bzw. Ort 1855.0	photom. Gr.
AB Gem	6h 17^{m} 42^{s} + 19^{0} 9.'3	var
b	+ 19^{0} 1350	$9^{m}92$
g	+ 19^{0} 1344	10.11
a	+ 19^{0} 1348	10.58
c	6h 16^{m} 56^{s} + 19^{0} 21.'5	11.01
d	6 17 37 + 19 5.4	11.25

Beobachtungen

J.D. 242...	Gr.	J.D. 242...	Gr.	J.D. 242...	Gr.	J.D. 242...	Gr.	J.D. 242...	Gr.	J.D. 242...	Gr.
6281.42	$10^{m}69$	7144.39	$10^{m}58$	7535.38	$10^{m}71$	7907.36	$10^{m}74$	8505.40	$10^{m}52$	8978.40	$11^{m}31$
6433.40	10.38	7145.35	10.58	7543.37	10.85	7926.36	10.74	8506.37	10.64	8998.35	10.88
6440.38	10.42	7152.43	10.52	7546.38	10.78	8053.56	10.85	8517.41	10.64	9013.37	10.58
6976.52	10.25	7153.40	10.58	7554.36	10.80	8069.53	10.78	8522.36	10.52	9018.36	10.52
6984.56	10.50	7155.42	10.64	7559.40	10.80	8081.51	10.74	8528.45	10.49	9166.54	10.24
6986.59	10.23	7157.38	10.58	7567.38	10.75	8096.53	10.72	8551.35	10.42	9191.44	10.38
7030.39	10.47	7159.37	10.58	7688.57	11.02	8122.46	10.49	8571.45	10.36	9192.46	10.37
7040.40	10.31	7176.38	10.52	7689.56	11.02	8140.39	10.36	8578.41	10.16	9195.48	10.37
7042.42	10.34	7180.36	10.49	7717.48	10.96	8163.46	10.34	8590.34	10.05	9234.43	10.39
7043.37	10.38	7190.36	10.42	7728.47	11.01	8180.42	10.27	8601.39	10.07	9249.41	10.29
7052.41	10.35	7195.37	10.47	7739.44	10.91	8182.23	10.21	8615.35	10.08	9250.37	10.29
7060.37	10.34	7332.57	10.78	7743.38	11.02	8187.55	10.25	8626.39	10.06	9261.39	10.25
7061.32	10.36	7344.51	10.47	7745.51	11.07	8204.47	10.14	8654.35	9.89	9274.46	10.24
7062.37	10.44	7345.53	10.69	7755.43	10.85	8209.36	10.21	8777.56	10.39	9280.39	10.24
7065.30	10.39	7359.48	10.67	7781.39	10.85	8229.40	10.26	8784.55	10.37	9289.51	10.25
7068.30	10.43	7368.48	10.71	7832.44	10.96	8237.30	10.37	8798.50	10.37	9293.46	10.16
7070.48	10.44	7372.44	10.80	7840.53	10.90	8244.37	10.46	8806.55	10.29	9311.36	10.27
7078.31	10.44	7384.44	10.67	7843.27	10.88	8248.32	10.58	8816.53	10.29	9321.37	10.28
7087.39	10.44	7470.27	10.71	7858.37	10.82	8254.35	10.58	8840.53	10.32	9326.30	10.29
7093.57	10.49	7481.40	10.64	7863.28	10.93	8267.35	10.58	8853.57	10.45	9330.36	10.34
7095.37	10.67	7483.41	10.58	7865.42	10.96	8278.33	10.74	8876.36	10.46	9340.38	10.53
7097.45	10.71	7488.27	10.60	7870.39	10.85	8422.54	10.42	8905.35	10.74	9344.38	10.58
7098.26	10.63	7506,33	10.71	7876.36	10.85	8450.46	10.42	8923.34	10.86	9354.34	10.71
7124.50	10.64	7512.36	10.67	7889.43	10.85	8481.52	10.58	8935.33	11.13	9363.33	10.74
7132.41	10.74	7530.35	10.71	7899.37	10.85	8489.42	10.58	8947.42	11.25	9371.35	10.89
7133.44	10.64	7533.36	10.69	7906.35	10.80	8493.41	10.58	8965.34	11.31	9386.35	10.71

Die Lichtkurve verläuft in unregelmäßig geformten Wellen mit Amplituden von $0^{m}8$ bis $1^{m}5$ und Längen von etwa 300 bis 700 Tagen zwischen den Grenzen $9^{m}85$ und $11^{m}35$ (visuell). Diese Hauptwellen sind von einer ununterbrochenen Folge von kürzeren Schwankungen (etwa 60 bis 180 Tage) mit kleinen Amplituden ($0^{m}2$ bis $0^{m}3$) überlagert, die zahlreiche gut entwickelte Nebenphasen bilden

[125]) Astron. Nachr. **140**.247 (1896). — [126]) Beob.-Zirk. **10**.18 (1928). — [127]) NNVS 4.236.

und gewöhnlich die außerordentlich breiten Maxima der Hauptwellen in mehrere Teilphasen gliedern. Stellenweise auftretende kurze Zacken und Höcker von zumeist nur geringen Ausmaßen tragen ihrerseits zur weiteren Verunstaltung der Lichtkurve bei. Daneben ist die mittlere Helligkeit des Sterns ganz langsamen Änderungen von etwa $0^{m}5$ innerhalb von vielleicht 2100 Tagen unterworfen.

	Maxima		Minima			Maxima		Minima	
J.D. 242	7049	$10^{m}32$*	—	—	J.D. 242	8206	$10^{m}16$	(8033	$10^{m}90$)
	7207	10.44*	(7108	$10^{m}73$)		(8436	10.40)	8330:	11.0:
	7350	10.60*	—	—		8664	9.87	(8505	10.60)
	7486	10.59*	—	—		(8820	10.27)	(8773	10.40)
	(7774	10.85)	7656	11.06		9118:	10.1:	8968	11.34
	(7954:	10.70)	(7826	10.93)		9296	10.19*	(9215	10.44)
						—	—	9372	10.82

( ) = sekundäre Phasen; * Teilphasen.

AB Gem gehört zu den unperiodischen roten Veränderlichen vom Typus BY Serpentis (I, 23. F, b); beobachtete Grenzen des visuellen Lichtwechsels: $9^{m}85$ und $11^{m}35$; Spektrum: N3 pec; Farbenindex: $+3^{m}5$; galaktische Breite: $+5^{0}$. Lichtkurve wie TU Gem.

AM Herculis

Der im Jahre 1923 von M. Wolf[128]) auf Heidelberger Platten mit einem Lichtwechsel zwischen $10^{m}3$ und $13^{m}5$ entdeckte Veränderliche soll nach M. Esch[129]) periodische Helligkeitsschwankungen mit den Elementen: Max. = J.D. 242 7523 + $449^{d} \cdot E$ zeigen. Im folgenden sind 83 Beobachtungen aus der Zeit 1934 Juni 14 bis 1939 Juni 5 mitgeteilt. Da der Veränderliche in dieser Zeit nicht über $12^{m}4$ anstieg und für lange Zeiten unter der Sichtgrenze des 142 mm-Refraktors (etwa $14^{m}2$) blieb, dürften die von M. Wolf gegebenen Helligkeitsgrenzen in Übereinstimmung mit seinen Planetoidengrößen um etwa 2 Größenklassen zu hoch liegen.

Vergleichsterne

Bez.	Ort 1855.0		photom. Gr.
AM Her	$18^{h}\ 12^{m}\ 37^{s}$	$+49^{0}\ 49'.0$	var
c	$18^{h}\ 14^{m}4$	+ 49 47	$11^{m}18$
r	18 13.0	+ 49 49	11.66
q	18 12.4	+ 49 50	12.48
m	18 12.5	+ 49 54	12.63
n	18 12.6	+ 49 50	13.18

Beobachtungen

J.D. 242...	Gr.	J.D. 242...	Gr.	J.D. 242...	Gr.	J.D. 242...	Gr.	J.D. 242...	Gr.	J.D. 242...	Gr.
7603.48	$12^{m}2$:	7870.47	$13^{m}08$	7945.41	$13^{m}04$	8278.41	[$14^{m}0$	8637.48	$13^{m}23$	9160.44	$13^{m}18$
7606.47	12.57	7871.48	13.08	7948.42	13.18	8304.49	[14.0	8654.45	13.40	9167.47	12.90
7628.52	12.82	7891.58	13.18	7953.43	13.08	8389.55	[13.2	8694.48	13.03	9191.35	13.07
7661.43	13.68	7899.48	13.18	7962.46	13.18	8391.48	[13.7	8750.54	13.03	9250.24	13.08
7669.49	13.68	7906.44	13.2:	7975.44	13.08	8392.50	[13.5	8758.51	12.98	9322.47	13.06
7685.42	[13.7	7914.40	[13.2	7985.45	13.09	8403.49	[14.0	8777.49	13.28	9334.60	12.81
7691.35	[13.6	7916.36	13.33	8019.39	13.18	8420.41	[14.0	8801.37	12.97	9340.57	13.04
7694.42	[13.5	7918.44	13.06	8039.48	13.28	8429.36	[14.0	8818.39	12.98	9363.50	12.73
7695.42	[13.5	7919.40	13.07	8069.35	13.08	8523.25	13.04	8950.45	13.33	9364.50	12.78
7708.40	[13.4	7924.38	13.04	8099.25	13.23	8545.23	13.30	8955.59	13.23	9372.57	12.88
7709.37	[13.2	7926.39	13.03	8246.50	[13.6	8571.52	[13.2	8998.50	12.74	9390.42	12.90
7715.44	[13.5	7927.40	13.16	8248.50	[13.7	8578.54	13.08	9008.49	13.18	9407.44	12.85
7860.49	[13.2	7928.39	13.09	8268.38	[13.9	8601.45	13.8:	9010.51	13.03	9420.44	13.05
7866.49	13.18	7931.39	13.18	8271.49	[14.0	8622.57	13.38	9020.44	13.18		

Die Beobachtung war infolge der Lichtschwäche des Sterns oft etwas schwierig. Da das Objekt für längere Zeit unsichtbar blieb, wurde die ständige Überwachung mehrfach unterbrochen. Aus diesem Grunde sowie infolge der alljährlichen Unsichtbarkeitsperioden kann die Lichtkurve nur für einzelne Abschnitte entworfen werden. Im Widerspruch zu den von M. Esch in Astron. Nachr. **256**.314 (1935) veröffentlichten Ergebnissen verlief der Lichtwechsel sehr unregelmäßig und ohne Anzeichen von Gesetzmäßigkeiten. Zu Beginn der Überwachung, J.D. 242 7606, befand sich der Veränderliche in seiner größten hier beobachteten Helligkeit $12^{m}4$, wurde dann aber rasch schwächer und unterschritt etwa J.D. 242 7680 die Sichtgrenze $13^{m}8$ des seinerzeit benutzten Vierzöllers. Bei der Wiederaufnahme der Überwachung, J.D. 242 7866, war und blieb der Veränderliche bis zu seinem Verschwinden am Abendhimmel, J.D. 242 8099, die ganze Zeit (233 Tage) hindurch gut sichtbar. Die Helligkeit schwankte

[128]) Astron. Nachr. **220**.255 (1924). — [129]) Astron. Nachr. **256**.314 (1935).

in diesem Abschnitt nur unerheblich, aber völlig regellos und zuweilen sehr rasch zwischen den Grenzen $13^{m}0$ und $13^{m}4$ (Beob. im 142 mm-Refraktor). In der nächsten Sichtbarkeitsperiode wurde der Stern zwischen J.D. 242 8246—8294 und 242 8389—8429 nicht gesehen und dürfte damit stets schwächer als $14^{m}2$ geblieben sein. 94 Tage später, zu Anfang des folgenden Beobachtungsabschnitts, befand er sich wieder im Maximum $13^{m}04$ und zeigte zwischen J.D. 242 8523 und 8818 unregelmäßige, im wesentlichen aber wellenförmige Schwankungen mit Amplituden von $0^{m}3$ bis $0^{m}8$ und Längen von etwa 50 bis 65 Tagen zwischen den Grenzen $13^{m}0$ und $13^{m}8$. Auch in den folgenden, zumeist kurzen Beobachtungsepochen war der Stern stets sehr gut sichtbar ($12^{m}65$ bis $13^{m}35$), die Einzelwellen waren aber, besonders am Schluß der Reihe, mit Längen von 30 bis 40 Tagen kürzer als vorher.

Nach der Lichtkurve scheint AM Her zu den unperiodischen Veränderlichen mit rasch verlaufendem Lichtwechsel vom Typus RW Aurigae (I, 22. G) zu gehören.

Beobachtete Grenzen des visuellen Lichtwechsels: $12^{m}4$ und [$14^{m}2$; Spektrum: unbekannt; galaktische Breite: $+25^{0}$.

AN Herculis

Der Lichtwechsel dieses 1910 von A. J. Cannon[130]) auf Harvard-Platten entdeckten Veränderlichen ist bereits von M. Luizet[131]), P. Parenago[132]) und G. Miczaika[133]) untersucht worden. Neuerdings hat S. Böhme[134]) den Stern auf 88 Bamberger Ernostarplatten aus den Jahren 1929—38 nachgesehen. Danach ist ein unperiodischer Lichtwechsel zwischen den Grenzen $11^{m}1$ und $11^{m}7$ (photogr.) vorhanden, der zeitweilig langsam und mit längerem Verweilen in der Maximalhelligkeit, abschnittsweise aber auch ziemlich rasch verläuft. Die hier erhaltenen 129 Beobachtungen zwischen 1932 Aug. 18 und 1939 Juni 8 überdecken den größten Teil des von S. Böhme untersuchten Abschnitts.

Vergleichsterne

Bez.	BD-Nr.	photom. Gr.
AN Her	$+20^{0}$ 3520	var
d	$+21^{0}$ 3152	$9^{m}28$
c	$+20^{0}$ 3528	9.33
a	$+20^{0}$ 3509	9.42
b	$+20^{0}$ 3514	9.72

Beobachtungen

J.D. 242...	Gr.	J.D. 242...	Gr.	J.D. 242...	Gr.	J.D. 242...	Gr.	J.D. 242...	Gr.	J.D. 242...	Gr.
6938.45	$9^{m}47$	7180.47	$9^{m}26$	7384.25	$9^{m}15$	7699.32	$9^{m}30$	7970.46	$9^{m}42$	8427.36	$9^{m}35$
6946.44	9.42	7185.57	9.23	7530.48	9.52	7706.31	9.59	7987.43	9.18	8453.30	9.19
6948.42	9.48	7188.48	9.31	7531.47	9.51	7710.37	9.52	8017.43	9.26	8623.54	9.47
6956.38	9.26	7195.46	9.42	7533.48	9.48	7715.29	9.54	8025.50	9.32	8657.42	9.27
6967.36	9.34	7204.47	9.47	7535.53	9.52	7717.29	9.56	8032.41	9.37	8678.41	9.57
6972.35	9.46	7213.45	9.62	7543.48	9.54	7724.33	9.32	8044.35	9.30	8694.43	9.53
6979.35	9.35	7260.45	9.26	7546.45	9.47	7736.25	9.20	8055.34	9.30	8752.47	9.57
6984.33	9.21	7262.47	9.29	7554.43	9.38	7739.31	9.17	8069.35	9.35	8770.40	9.51
6988.32	9.14	7263.49	9.42	7559.42	9.42	7740.30	9.21	8083.33	9.30	8800.36	9.47
6998.28	9.15	7273.43	9.50	7562.42	9.30	7750.24	9.21	8094.32	9.22	8819.32	9.26
7007.25	9.39	7277.46	9.50	7567.47	9.37	7755.21	9.20	8099.24	9.27	8949.58	9.23
7026.25	9.42	7281.45	9.55	7572.44	9.51	7765.25	9.32	8111.25	9.27	8998.45	9.18
7030.22	9.55	7295.43	9.42	7578.49	9.57	7870.55	9.15	8247.64	9.23	9041.41	9.23
7034.22	9.42	7297.46	9.48	7588.47	9.49	7891.62	9.26	8248.50	9.26	9167.30	9.53
7054.25	9.09	7305.48	9.44	7599.43	9.51	7899.53	9.21	8268.44	9.19	9193.25	9.46
7060.20	9.20	7307.42	9.49	7604.43	9.26	7907.45	9.10	8290.41	9.21	9355.45	9.33
7063.20	9.21	7321.33	9.29	7618.45	9.26	7916.44	9.15	8305.55	9.17	9404.46	9.21
7068.20	9.25	7325.35	9.32	7623.45	9.33	7918.42	9.21	8328.53	9.14	9414.45	9.17
7155.55	9.26	7333.33	9.26	7655.47	9.57	7926.45	9.10	8356.43	9.21	9423.49	9.25
7158.52	9.21	7343.32	9.17	7684.43	9.22	7931.40	9.21	8389.40	9.25		
7161.53	9.17	7359.27	9.15	7689.43	9.18	7945.45	9.23	8408.37	9.25		
7177.47	9.23	7372.27	9.17	7694.35	9.36	7952.42	9.21	8422.46	9.18		

Im wesentlichen werden die von S. Böhme veröffentlichten Ergebnisse bestätigt. Der Lichtwechsel ist unperiodisch und sehr verschiedenartig. Anfangs, J.D. 242 6938—8030, ändert sich die Helligkeit rasch in kurzen Wellen von 35 bis 80 Tagen mit Amplituden von $0^{m}3$ bis $0^{m}5$, wobei jedoch auch Störungen durch schnelles Flackern oder plötzlichen Stillstand der Schwankungen im Maximum (z. B. J.D. 242 7345—7390) auftreten. Mit J.D. 242 8030 schrumpft die Amplitude der Helligkeitsänderungen plötzlich auf etwa $0^{m}1$ zusammen, so daß bis J.D. 242 8410 nur noch ein langsames Pendeln der mittleren Helligkeit des Sterns zwischen $9^{m}2$ und $9^{m}3$ zu erkennen ist. Nach diesem Abschnitt

[130]) Astron. Nachr. **185**.255 (1910). — [131]) Astron. Nachr. **198**.145 (1914). — [132]) NNVS 4:315 (1933). — [133]) Beob.-Zirk. **17**.2. — [134]) Astron. Nachr. **268**.71 (1939).

folgt wieder ein rascher Lichtwechsel mit einer mittleren Amplitude von $0^{m}4$, der anscheinend bis zum Schluß der Beobachtung J.D. 242 9423 fortgeführt wird. Einigermaßen sichere Phasenepochen konnten wegen der Schnelligkeit des Lichtwechsels nur für den mit zahlreichen Beobachtungen besetzten Abschnitt J.D. 242 6938—8420 bestimmt werden.

	Maxima		Minima			Maxima		Minima	
J.D. 242	6960	$9^{m}23$	—	—	J.D. 242	7561	$9^{m}30$	7540	$9^{m}56$
	6993	9.10	6973	$9^{m}46$		7611	9.18	7585	9.60
	7050	9.06	7022	9.53		7684	9.17	7654	9.58
	7170	9.13	—	—		7744	9.18	7712	9.57
	7251	9.20	7220	9.64		7918	9.12	7889	9.26
	7380:	9.15	7283	9.54		7997	9.09	7971	9.42

Beobachtete Grenzen des visuellen Lichtwechsels: $9^{m}1$ und $9^{m}6$; mittlere visuelle Amplitude: $0^{m}4$; Spektrum: M4; Farbenindex: $+2^{m}0$; galaktische Breite: $+24^{0}$; μ Cephei-Art (I, 23. F, a). Lichtkurve wie AD Cyg.

RY Lacertae

Für den im Jahre 1910 von S. ENEBO[135]) entdeckten Veränderlichen liegen außer einer umfangreichen Beobachtungsreihe des Entdeckers weitere 44 Helligkeitsschätzungen von E. ZINNER[136]) vor. Während ENEBO einen RV Tauri-Lichtwechsel mit den Elementen: Haupt-Min. = J.D. 241 9298 + $122^{d} \cdot E$ fand, konnte ZINNER keine Periodizität erkennen.
In der Zeit 1934 Juni 2 bis 1939 Sept. 12 wurden hier die folgenden 191 Beobachtungen erhalten. Der Stern hat infolge seiner Färbung im Fernrohr einen stechenden Glanz, der die Helligkeitsauffassung etwas erschwert.

Vergleichsterne

Bez.	Ort 1855.0	photom. Gr.
RY Lac	$22^{h}\ 6^{m}\ 15^{s}\ +43^{0}\ 8'$	var
c	22 6 27 + 43 8.0	$11^{m}20$
g	22 6 32 + 43 5.4	11.57
w	22 6 31 + 43 10.0	12.19

Beobachtungen

J.D. 242...	Gr.	J.D. 242...	Gr.	J.D. 242...	Gr.	J.D. 242...	Gr.	J.D. 242...	Gr.	J.D. 242...	Gr.
7591.54	$10^{m}95$	7843.26	$11^{m}46$	8096.56	$11^{m}96$	8389.55	$11^{m}20$	8656.54	$11^{m}85$	9054.48	$11^{m}20$
7592.48	10.95	7860.28	11.69	8111.43	12.05	8391.51	11.05	8676.49	11.20	9062.47	11.29
7601.51	11.38	7870.29	11.49	8121.39	11.71	8405.43	11.32	8680.45	11.28	9087.48	11.15
7604.51	11.40	7899.56	11.05	8140.29	11.29	8409.35	11.30	8691.51	11.20	9157.43	11.42
7612.51	11.48	7906.50	11.05	8149.38	11.20	8415.38	11.52	8695.45	11.10	9160.47	11.43
7618.51	11.57	7907.52	11.25	8164.24	11.61	8420.43	11.68	8698.47	11.20	9166.51	11.51
7625.52	11.10	7918.48	11.20	8180.27	11.84	8423.40	11.62	8702.50	11.15	9175.40	11.47
7657.59	11.42	7919.50	11.08	8181.40	11.81	8428.44	11.48	8712.52	11.10	9186.42	11.81
7658.54	11.52	7926.55	11.20	8182.31	11.79	8435.48	11.57	8718.53	11.15	9191.39	11.81
7664.48	11.41	7927.46	11.07	8183.24	11.76	8440.48	11.45	8751.55	11.83	9195.30	11.74
7677.37	11.15	7945.48	11.45	8187.32	11.72	8449.44	11.48	8755.53	11.71	9223.36	11.74
7685.35	11.12	7948.45	11.43	8204.26	11.62	8471.36	11.70	8764.45	11.48	9232.22	11.74
7689.52	11.36	7949.53	11.46	8205.30	11.53	8474.47	11.68	8770.41	11.22	9243.29	11.69
7691.36	11.29	7952.49	11.43	8206.29	11.49	8484.40	11.72	8777.55	11.26	9249.38	11.63
7693.35	11.20	7962.46	11.32	8209.35	11.48	8493.37	11.93	8784.57	11.26	9250.33	11.55
7696.51	11.31	7970.49	11.46	8229.26	11.43	8505.34	12.01	8798.44	11.31	9261.23	11.20
7699.32	11.11	7975.48	11.42	8247.63	11.37	8506.28	11.98	8807.47	11.62	9280.31	11.57
7708.45	11.40	7984.46	11.63	8249.60	11.34	8512.33	12.01	8816.50	11.48	9301.31	11.66
7709.30	11.30	8020.39	11.79	8266.58	11.42	8517.46	11.71	8822.47	11.82	9302.30	11.61
7710.45	11.36	8023.41	11.75	8268.50	11.43	8518.41	11.57	8830.47	11.46	9321.28	11.35
7714.30	11.35	8025.48	11.79	8273.52	11.39	8522.30	11.48	8840.48	11.46	9342.60	11.48
7715.49	11.43	8032.44	12.01	8280.57	11.39	8523.38	11.41	8853.55	11.26	9363.55	11.25
7717.54	11.41	8036.38	11.93	8291.49	11.20	8526.26	11.12	8866.39	11.52	9372.60	11.53
7728.46	11.42	8044.41	11.67	8303.50	11.05	8528.25	11.15	8876.34	11.40	9386.46	11.7:
7736.44	11.38	8050.35	11.49	8305.51	11.02	8542.30	11.51	8923.34	11.69	9391.45	11.58
7739.45	11.34	8053.55	11.49	8307.54	11.10	8545.23	11.62	8935.27	11.33	9403.48	11.20
7755.35	11.34	8066.46	11.43	8316.48	11.43	8551.25	11.57	8998.53	11.20	9410.50	11.12
7765.38	11.34	8069.47	11.41	8321.50	11.40	8557.25	11.67	9008.50	11.08	9414.50	11.15
7781.25	11.47	8077.47	11.40	8326.46	11.34	8571.26	11.88	9017.54	11.05	9420.49	11.12
7832.35	11.35	8081.55	11.66	8333.47	11.34	8622.55	11.10	9020.48	11:00	9428.50	11.20
7840.60	11.33	8086.30	11.75	8338.50	11.29	8623.55	11.05	9041.54	11.25	9519.49	11.48
7841.30	11.45	8094.43	12.04	8353.48	11.31	8653.51	11.78	9045.47	11.15		

135) Astron. Nachr. **192**.202 (1912) u. **197**.375 (1914). — 136) Erg.-Heft z. d. Astron. Nachr. 4.3.

Die Helligkeitsänderungen erfolgen in lebhaften Schwankungen zwischen den Grenzen $11^{m}.0$ und $12^{m}.2$ (visuell) mit einer mittleren Amplitude von $0^{m}.45$. Dabei zeigen die aufeinanderfolgenden Wellen einen erheblichen Wechsel in ihrer Gestalt und Höhe. Die Länge der einzelnen Wellen schwankt zwischen 38 und 91 Tagen und beträgt im Mittel 66^{d}. Besonders bevorzugt werden Zwischenzeiten von etwa 52 und 78 Tagen (Verhältnis 2 : 3), die zuweilen eine längere Zeit wiederkehren. Ein RV Tauri-Lichtwechsel, wie er von Enebo beobachtet worden ist, trat nur vorübergehend zwischen J.D. 242 8500 und 9150 (1936 Dez. bis 1938 Sept.) mit einer Doppelperiode von 156 Tagen auf. Innerhalb der vorhandenen 4 Doppelwellen vertauschten die Haupt- und Nebenminima zweimal ihre Rollen. Die mittlere Helligkeit des Sterns zeigt geringe Schwankungen von $0^{m}.2$ bis $0^{m}.5$ in Wellen von etwa 300 bis 420 Tagen, die vielleicht eine weitere, sehr lange Welle von mehreren tausend Tagen und einer Amplitude von etwa $0^{m}.3$ überlagern.

	Maxima		Minima			Maxima		Minima			Maxima		Minima	
J.D. 242	7631	$11^{m}.00$	7615	$11^{m}.55$	J.D. 242	8238	$11^{m}.34$	8178	$11^{m}.81$:	J.D. 242	8860	$11^{m}.31$	8821	$11^{m}.64$
	7685	11.14	7658	11.46		8303	11.01	8269	11.42		8948:	11.2:	8912	11.87:
	7751	11.30	7725	11.44		8346	11.24	8320	11.42		9018	11.01	8981:	11.5:
	7833	11.34	7798:	11.6		8396	11.01	8372	11.47:		9093	11.13	9065	11.30
	7909	11.05	7859	11.70		8446	11.47	8422	11.61		9164	11.44	9133:	11.7:
	7963	11.32	7948	11.45		8529	11.12	8507	12.02		9210	11.55	9190	11.82
	8011:	11.6:	7995:	11.7:		8617	11.03	8577	11.9:		9264	11.18	9230	11.75
	8066	11.35	8033	12.00		8702	11.10	8657	11.83		9318	11.33	9294	11.72
	8157	11.20	8105	12.16		8782	11.19	8747	11.88		9357	11.15	9337	11.54
											9416	11.10	9383	11.75

Beobachtete Grenzen des visuellen Lichtwechsels: $11^{m}.0$ und $12^{m}.2$; mittlere visuelle Amplitude: $0^{m}.45$; Spektrum: unbekannt; galaktische Breite: — 11^{0}. μ Cephei-Art (I, 23. F, a). Lichtkurve s. Abb. 1.

SY Leonis

Der Veränderliche wurde im Jahre 1927 von S. Beljawski[137]) auf Simeïser Platten mit Helligkeitsschwankungen zwischen $11^{m}.4$ und $12^{m}.9$ (photogr.) aufgefunden. Auf Grund von 109 visuellen Beobachtungen glaubte M. Esch[138]) Anzeichen einer Periode von 70 bis 80 Tagen erkennen zu können. Nach S. Böhme[139]), der den Stern neuerdings auf 43 Ernostarplatten aus den Jahren 1929—34 untersucht hat, soll der Lichtwechsel völlig regellos und unperiodisch zwischen den photographischen Grenzen $12^{m}.2$ und $13^{m}.1$ verlaufen. Dabei verharrt der Stern zumeist in der Normalhelligkeit $13^{m}.0$ und zeigt nur selten kurze Aufhellungen. In der Zeit 1935 Febr. 7 bis 1939 Mai 30 wurden hier die folgenden 98 Helligkeitsschätzungen erhalten.

Vergleichsterne

Bez.	BD-Nr. bzw. Ort 1855.0	photom. Gr.
SY Leo	$10^{h}\,45^{m}\,22^{s}$ — $0^{0}\,24'.7$	var
a	— 0^{0} 2383	$11^{m}.18$
b	$10^{h}\,45^{m}.6$ — $0^{0}\,28'$	12.21

Beobachtungen

J.D. 242...	Gr.	J.D. 242...	Gr.	J.D. 242...	Gr.	J.D. 242...	Gr.	J.D. 242...	Gr.	J.D. 242...	Gr.
7841.45	$11^{m}.06$	8183.44	$10^{m}.88$	8282.40	$11^{m}.23$	8926.51	$11^{m}.85$	9293.46	$11^{m}.39$	9372.43	$12^{m}.02$
7867.40	12.31	8187.50	10.86	8291.39	11.28	8929.51	11.80	9308.48	11.35	9374.45	11.98
7868.36	12.31	8190.46	10.88	8300.39	11.59	8938.47	11.81	9315.40	11.47	9379.43	11.00
7870.44	12.33	8203.45	11.08	8306.42	11.83	8948.45	11.40	9321.38	11.47	9381.39	10.88
7871.49	12.26	8204.56	11.28	8542.55	11.79	8949.45	11.33	9322.41	11.51	9386.38	10.73
7875.45	12.21	8205.50	11.28	8571.41	11.51	8969.49	11.50	9325.39	11.58	9387.40	10.73
7876.39	12.01	8213.52	11.65	8578.50	11.35	8978.43	11.81	9330.35	11.48	9388.40	10.73
7891.56	11.39	8228.40	11.48	8601.38	11.31	8979.46	11.80	9332.33	11.50	9389.41	10.73
7899.48	11.18	8244.38	11.33	8622.49	11.63	8990.44	11.87	9333.43	11.47	9398.40	10.93
7906.42	11.06	8247.39	11.33	8623.47	11.63	9008.41	11.76	9338.41	11.41	9400.41	11.10
7916.41	11.40	8248.34	11.33	8637.44	11.93	9015.36	11.62	9340.39	11.39	9403.43	11.30
7918.45	11.72	8254.44	11.38	8653.47	11.44	9018.38	11.51	9344.38	11.40	9412.40	11.64
7919.35	11.69	8266.52	11.38	8676.42	11.08	9030.42	11.63:	9354.40	11.60	9414.41	11.64
7924.41	11.86	8267.35	11.45	8678.40	11.08	9038.40	11.80	9361.34	11.94		
7926.41	11.86	8271.48	11.36	8682.42	11.23	9249.53	12.21	9363.34	12.36		
7928.43	11.92	8273.38	11.33	8854.64	11.03	9250.55	12.21	9364.33	12.46		
7952.41	11.69	8278.39	11.33	8923.50	11.93	9289.48	11.54	9371.36	12.36		

[137]) Astron. Nachr. **229**.458 (1927). — [138]) G. u. L. II, **2**.195. — [139]) Astron. Nachr. **268**.71 (1939).

Die vorstehenden Beobachtungen stehen sowohl hinsichtlich des Verlaufs als auch des Umfangs der Helligkeitsänderungen im Widerspruch zu dem von S. Böhme gegebenen Befund. Danach scheint der Charakter des Lichtwechsels ein sehr verschiedenes Gepräge annehmen zu können. In den Jahren 1935—39 schwankte die Helligkeit des Sterns fortgesetzt in zumeist kurzen, aber gut ausgebildeten und glatten Wellen mit Amplituden von $0^{m}5$ bis $2^{m}0$ zwischen den visuellen Grenzen $10^{m}2$ und $12^{m}7$. Mehrfach treten RV Tauri-ähnliche Doppelwellen mit einem flachen sekundären Minimum auf. Sieht man von den sekundären Phasen ab, so liegen die Zwischenzeiten der Extrema in Übereinstimmung mit den früheren Ergebnissen von M. Esch zwischen 65 und 105 Tagen (im Mittel etwa 82^{d}). Statt des von S. Böhme beobachteten Verharrens im kleinsten Licht zeigen gerade die Minima nunmehr größere Helligkeitsunterschiede und spitzere Formen als die Maxima.

Maxima			Minima			Maxima			Minima		
J.D. 242 7838:	$11^{m}04$	spitz?	—	—		J.D. 242 8592	$11^{m}23$	rund	8548:	$11^{m}81$:	rund?
7905	11.05	spitz	7869	$12^{m}31$	sehr spitz	8670	10.98	spitz	8638	11.93	spitz
—	—		7938	12.0:	rund	8957	11.15	spitz	8923:	11.91:	spitz
8188	10.85	rund	—	—		9022	11.47	spitz	8993	11.90	rund
8246	11.32	sek. Phase	8217	11.70	spitz	9302	11.25	spitz	9263:	12.5:	spitz
8286	11.20	spitz	8265	11.42	sek. Phase	9342	11.39	sek. Phase	9325	11.54	sek. Phase
						9389	10.71	rund	9368	12.65	sehr spitz

Beobachtete Grenzen des visuellen Lichtwechsels: $10^{m}7$ und $12^{m}7$; Spektrum: unbekannt; galaktische Breite: $+ 51^{0}$; μ Cephei-Art (I, 23. F, a). Lichtkurve wie RY Lac.

6.1935 Leonis

Die Beobachtung dieses im Jahre 1934 von C. Hoffmeister[140]) auf Sonneberger Platten entdeckten Veränderlichen wurde sofort nach der brieflichen Mitteilung der Auffindung 1935 Febr. 9 aufgenommen und bis 1939 Juni 9 fortgeführt. In dieser Zeit wurden die folgenden 76 Helligkeiten geschätzt.

Vergleichsterne

Bez.	BD-Nr.	photom. Gr.	Bez.	BD-Nr.	photom. Gr.
6.1935 Leo	$+ 12^{0}$ 2362	var	*d*	$+ 12^{0}$ 2358	$9^{m}77$
a	$+ 12^{0}$ 2367	$8^{m}69$	*g*	$+ 12^{0}$ 2360	10.11
b	$+ 11^{0}$ 2387	8.85	*e*	$+ 12^{0}$ 2361	10.18
c	$+ 12^{0}$ 2369	9.09	*f*	$+ 11^{0}$ 2385	10.62

Beobachtungen

J.D. 242...	Gr.	J.D. 242...	Gr.	J.D. 242...	Gr.	J.D. 242...	Gr.	J.D. 242...	Gr.	J.D. 242...	Gr.
7843.38	$8^{m}82$	7926.43	$10^{m}40$	8244.44	$9^{m}40$	8578.52	$9^{m}40$	9008.42	$9^{m}47$	9332.39	$9^{m}50$
7858.44	8.99	7928.38	10.43	8247.40	9.29	8601.42	9.25	9018.37	9.47	9341.37	9.49
7860.45	8.81	7931.41	10.19	8254.44	9.59	8623.48	9.01	9026.42	9.43	9344.39	9.48
7865.45	8.81	7945.39	10.27	8267.43	9.86	8637.45	9.28	9038.40	9.35	9354.42	9.46
7866.46	8.93	7951.40	10.15	8272.39	9.67	8676.43	9.35	9249.52	9.24	9364.45	9.44
7868.35	8.94	7960.44	9.46	8282.38	9.44	8694.42	9.71	9250.54	9.31	9371.40	9.38
7870.44	8.95	7970.43	9.01	8291.41	9.18	8854.60	9.59	9274.51	9.12	9379.43	9.33
7871.45	8.94	8180.50	8.91	8304.51	9.07	8923.52	9.23	9289.49	9.20	9389.43	9.25
7875.43	8.97	8183.45	9.07	8321.44	9.08	8938.48	9.29	9293.50	9.24	9404.40	9.32
7899.49	9.13	8187.51	9.29	8518.51	9.36	8949.45	9.16	9315.43	9.33	9414.41	9.34
7906.40	9.31	8203.48	9.17	8523.51	9.39	8971.47	9.15	9321.40	9.46	9424.42	9.33
7907.46	9.48	8204.49	9.23	8542.56	9.36	8979.46	9.16	9322.43	9.50		
7916.42	10.32	8228.42	9.02	8571.48	9.25	8998.42	9.39	9325.39	9.50		

Nach der Lichtkurve verlaufen die Helligkeitsänderungen weder rasch flackernd noch wellenförmig. Meistens sind fortschreitende Helligkeitsschwankungen mit Buckeln, Stufen und unsymmetrisch geformten Ein- und Ausbuchtungen zu finden. Zeitweilig werden zwischen steilen Ab- und Anstiegen tiefe und breite Minima gebildet. Die Amplitude des Lichtwechsels betrug anfangs mehr als anderthalb Größenklassen. Sie blieb 1936—37 unter $1^{m}0$ und schrumpfte in den Jahren 1938—39 bis auf etwa $0^{m}4$ zusammen, wobei die mittlere Helligkeit des Sterns etwa $9^{m}3$ war.

[140]) Astron. Nachr. **255**.401 (1935).

Maxima		Minima	
—	—	7926	10^m43
J.D. 242 8220	8^m95	8193	9.42
—	—	8264	9.94
8562	9.17	—	—
8618	8.96	8588	9.54

Maxima		Minima	
J.D. 242 8964	9^m09	—	—
—	—	9014	9^m49
9274	9.12	—	—
9393	9.25	9329	9.51

Beobachtete Grenzen des visuellen Lichtwechsels: 8^m7 und 10^m5; Spektrum: Mb; galaktische Breite: $+68^0$; BY Serpentis-Art (I, 23. F, b). Lichtkurve wie TZ Cas.

7.1935 Leonis

Über den Lichtwechsel des im Jahre 1934 von C. HOFFMEISTER[141]) auf Sonneberger Platten entdeckten Veränderlichen sind bisher keine Beobachtungen bekannt geworden. Die folgenden 76 Helligkeitsschätzungen wurden hier zwischen 1935 Febr. 9 und 1939 Juni 9 vorgenommen.

Vergleichsterne

Bez.	BD-Nr.	photom. Gr.
7.1935 Leo	$+13^0$ 2440	var
a	$+13^0$ 2439	8^m49
b	$+14^0$ 2422	8.99
c	$+14^0$ 2425	9.17
d	$+14^0$ 2424	9.82

Beobachtungen

J.D. 242...	Gr.	J.D. 242...	Gr.	J.D. 242...	Gr.	J.D. 242...	Gr.	J.D. 242...	Gr.	J.D. 242...	Gr.
7843.38	8^m44	7926.42	8^m76	8244.44	8^m74	8578.52	8^m94	9008.42	8^m54	9332.39	8^m49
7858.44	9.00	7928.38	8.74	8247.40	8.79	8601.42	8.77	9018.37	8.61	9341.37	8.49
7860.45	9.24	7931.41	8.74	8254.44	8.79	8623.48	8.86	9026.42	8.66	9344.39	8.59
7865.44	9.30	7945.39	8.90	8267.42	8.74	8637.45	8.70	9038.40	8.70	9354.42	8.74
7866.45	9.34	7951.40	8.89	8272.39	8.76	8676.43	8.80	9249.52	8.69	9364.45	8.66
7868.35	9.43	7960.44	8.99	8282.38	8.70	8694.42	8.86	9250.54	8.72	9371.40	8.64
7870.44	9.44	7970.43	9.06	8291.41	8.72	8854.60	8.54	9274.51	8.66	9379.43	8.64
7871.44	9.43	8180.50	8.72	8304.51	8.69	8923.52	8.64	9289.49	8.69	9389.43	8.61
7875.43	9.41	8183.45	8.65	8321.44	8.74	8938.48	8.47	9293.50	8.71	9404.40	8.69
7899.48	8.79	8187.51	8.71	8518.51	8.78	8949.45	8.49	9315.43	8.54	9414.41	8.75
7906.36	8.89	8203.48	8.74	8523.51	8.80	8971.47	8.61	9321.40	8.51	9424.42	8.64
7907.45	8.80	8204.49	8.80	8542.56	8.75	8979.45	8.59	9322.43	8.49		
7916.41	8.63	8228.42	8.80	8571.48	8.92	8998.41	8.64	9325.39	8.57		

Die Lichtkurve zeigt in den einzelnen, jeweils etwa 6 Monate umspannenden Beobachtungsabschnitten ein recht verschiedenartiges Gepräge. Im allgemeinen sind wellenförmige Schwingungen von etwa 50 bis 120 Tagen vorherrschend, die aber sehr unregelmäßig verlaufen und keine Spur einer Gesetzmäßigkeit erkennen lassen. Im ersten Abschnitt für 1935 ist die Amplitude mit 1^m0 wesentlich größer als später. So sind z. B. 1936 nur ganz schwache Helligkeitsänderungen von etwa 0^m1 angedeutet. Später wird der Lichtwechsel wieder etwas lebhafter. Die Amplitude übersteigt aber bis 1939 kaum 0^m3.

Maxima		Minima	
J.D. 242 7918	8^m64	7876	9^m45
8303	8.70	8229:	8.80
8535	8.72	—	—
8644	8.69	8578	8.94

Maxima		Minima	
J.D. 242 8942	8^m45	—	—
9332	8.44	—	—
9383	8.61	9355	8^m75
—	—	9416	8.75

7.1935 Leo gehört zu den unperiodischen Veränderlichen vom Typus μ Cephei (I, 23. F, a). Beobachtete Grenzen des visuellen Lichtwechsels: 8^m4 und 9^m4; Spektrum: Mb; galaktische Breite: $+69^0$. Lichtkurve wie AD Cyg.

X Lyrae

Für den bereits 1894 von T. E. ESPIN[142]) entdeckten Veränderlichen liegen zahlreiche Beobachtungen von H. M. PARKHURST[143]), W. DOBERCK[144]), M. ESCH[145]), G. VAN BIESBROECK[146]) und S. ENEBO[147])

[141]) Astron. Nachr. **255**.401 (1935). — [142]) Astron. Nachr. 135.267 (1894). — [143]) Astron. Journ. 326. — [144]) Astron. Journ. 748. — [145]) Valkenb. Veröff. I. 245. — [146]) Ann. Obs. Belge (2) 13.97. — [147]) Enebo III. 45.

vor. Nach S. Enebo verläuft der Lichtwechsel in raschen und sehr unregelmäßigen Schwankungen zwischen $9^{\mathrm{m}}0$ und $9^{\mathrm{m}}9$ mit Zwischenzeiten von 50 bis 70 Tagen. Nach 1908 sollen jedoch die Änderungen ruhig und langsam geworden sein. Die im folgenden wiedergegebenen 173 Beobachtungen umfassen die Zeit 1932 Aug. 31 bis 1939 Aug. 16.

Vergleichsterne

Bez.	BD-Nr.	photom. Gr.
X Lyr	$+26^{0}$ 3486	var
a	$+26^{0}$ 3488	$8^{\mathrm{m}}89$
b	$+26^{0}$ 3483	9.24
c	$+26^{0}$ 3489	9.59

Beobachtungen

J.D. 242…	Gr.	J.D. 242…	Gr.	J.D. 242…	Gr.	J.D. 242…	Gr.	J.D. 242…	Gr.	J.D. 242…	Gr.
6951.43	$9^{\mathrm{m}}11$	7087.23	$9^{\mathrm{m}}34$	7343.33	$9^{\mathrm{m}}24$	7717.43	$9^{\mathrm{m}}24$	8429.38	$9^{\mathrm{m}}35$	9186.41	$9^{\mathrm{m}}19$
6960.42	9.33	7094.23	9.39	7344.34	9.39	7740.36	9.33	8450.40	9.34	9192.37	9.19
6967.44	9.38	7155.54	9.29	7352.39	9.34	7755.25	9.39	8462.35	9.36	9205.35	9.19
6972.43	9.44	7158.53	9.29	7355.29	9.39	7765.31	9.29	8471.35	9.36	9222.37	9.24
6976.44	9.20	7161.55	9.12	7358.32	9.44	7891.58	9.19	8484.37	9.29	9223.30	9.29
6979.41	9.19	7180.51	9.16	7359.32	9.50	7907.48	9.36	8505.27	9.21	9243.24	9.19
6984.41	9.16	7187.48	9.11	7372.28	9.40	7919.48	9.19	8522.25	9.31	9249.27	9.18
6986.48	9.27	7188.52	9.12	7384.27	9.37	7926.47	9.16	8622.53	9.24	9250.27	9.09
6988.32	9.43	7195.47	9.19	7399.24	9.44	7945.46	9.29	8653.53	9.24	9258.22	9.18
6991.37	9.39	7213.46	9.19	7531.48	9.12	7949.47	9.29	8657.45	9.34	9333.58	9.37:
6998.29	9.44	7214.44	9.13	7532.50	9.24	7954.42	9.34	8678.42	9.24	9342.57	9.43
7005.34	9.35	7259.44	9.18	7535.54	9.24	7962.44	9.37	8695.44	9.29	9354.50	9.19
7007.26	9.34	7261.53	9.16	7543.49	9.18	7986.44	9.24	8753.52	9.19	9363.53	9.19
7026.25	9.36	7274.44	9.19	7546.47	9.15	8020.38	9.39	8770.45	9.29	9371.46	9.30
7030.23	9.39	7277.45	9.16	7559.43	9.19	8032.48	9.29	8798.42	9.24	9379.51	9.41
7034.24	9.24	7281.54	9.16	7564.48	9.19	8055.45	9.34	8817.46	9.24	9386.44	9.39
7037.24	9.32	7282.42	9.19	7567.50	9.13	8066.43	9.37	8840.42	9.24	9391.45	9.37
7039.23	9.34	7295.42	9.19	7572.42	9.09	8111.30	9.24	8854.24	9.19	9397.45	9.35
7040.27	9.24	7298.49	9.28	7588.46	9.16	8179.22	9.14	8866.28	9.31	9403.47	9.28
7043.23	9.23	7305.44	9.29	7599.49	9.40	8268.49	9.30	8905.22	9.27	9407.42	9.24
7052.26	9.23	7309.37	9.27	7601.46	9.41	8280.54	9.29	8998.49	9.21	9412.44	9.19
7054.23	9.16	7319.37	9.24	7604.44	9.37	8291.42	9.19	9020.45	9.24	9414.46	9.24
7055.24	9.24	7321.34	9.18	7623.46	9.24	8303.50	9.16	9038.45	9.22	9417.43	9.24
7060.24	9.21	7324.34	9.14	7657.51	9.19	8325.50	9.19	9054.45	9.16	9420.45	9.29
7061.20	9.16	7325.35	9.17	7677.41	9.15	8333.48	9.09	9062.43	9.19	9424.51	9.19
7063.22	9.24	7326.32	9.17	7684.37	9.17	8389.51	9.14	9087.47	9.29	9429.45	9.17
7065.27	9.16	7332.50	9.14	7694.41	9.34	8403.49	9.19	9157.39	9.16	9436.52	9.19
7068.22	9.11	7333.42	9.24	7706.31	9.33	8415.37	9.39	9166.40	9.32	9492.41	9.24
7072.23	9.06	7342.34	9.19	7710.40	9.34	8422.47	9.37	9169.45	9.34		

Die Beobachtungen bestätigen im allgemeinen die Eneboschen Ergebnisse mit Ausnahme der Helligkeitsamplitude, die in den Jahren 1932—39 mit $0^{\mathrm{m}}5$ nur etwa die Hälfte beträgt. Zumeist treten rasche und unperiodische Schwankungen in Wellen von 10 bis 20 Tagen auf, deren Haupt-Maxima gewöhnlich in Abständen von 70 bis 95 Tagen aufeinander folgen. Diese Abschnitte mit sehr lebhaften Helligkeitsänderungen werden zeitweilig durch längere Epochen mit einem ausgesprochen trägen Lichtwechsel geringen Umfangs unterbrochen. Anzeichen einer Periodizität sind nicht zu erkennen.

	Maxima		Minima		Maxima		Minima	
J.D. 242	6981	$9^{\mathrm{m}}12$	6971	$9^{\mathrm{m}}41$	7926	$9^{\mathrm{m}}14$	7905	$9^{\mathrm{m}}36$
	7074	9.05	6995	9.45	7991	9.22	7965	9.38
	7169	9.02	—	—	8336	9.06	—	—
	—	—	7363	9.55	8505	9.20	8418	9.40
	7578	9.03	—	—	9252	9.12	9172	9.35
	—	—	7602	9.41	9359	9.15	9340	9.42
	7723	9.21	7701	9.40	9432	9.15	9385	9.41

Beobachtete Grenzen des visuellen Lichtwechsels: $9^{\mathrm{m}}0$ und $9^{\mathrm{m}}5$; Spektrum: unbekannt; galaktische Breite: $+4^{0}$; μ Cephei-Art? (I, 23. F). Lichtkurve wie AD Cyg.

SVS 59 Monocerotis

Der im Jahre 1925 von W. Kozlow[148]) visuell entdeckte Lichtwechsel des Sterns BD $-7^{0}1629$ zwischen den Grenzen $9^{\mathrm{m}}4$ und $10^{\mathrm{m}}0$ wird durch die hier erhaltenen 72 Beobachtungen aus der Zeit 1934 Nov. 3 bis 1939 April 9 bestätigt.

[148]) Bull. Obs. Corp. Soc. Amat. Astron. Moskau 3.

Vergleichsterne

Bez.	BD-Nr.	photom. Gr.
SVS 59 Mon	— 7° 1629	var
e	— 7° 1622	$9^{m}33$
g	— 7° 1625	9.19

Beobachtungen

J.D. 242...	Gr.	J.D. 242...	Gr.	J.D. 242...	Gr.	J.D. 242...	Gr.	J.D. 242...	Gr.	J.D. 242...	Gr.
7745.54	$9^{m}24$	8081.58	$9^{m}24$	8228.31	$9^{m}23$	8518.46	$9^{m}35$	8840.55	$9^{m}28$	9280.39	$9^{m}43$
7841.39	9.06	8096.53	9.19	8237.29	9.16	8522.39	9.38	8854.54	9.25	9293.47	9.41
7843.36	9.26	8111.51	9.17	8244.31	9.16	8524.43	9.33	8923.39	9.38	9301.40	9.43
7853.37	9.27	8122.47	9.23	8247.33	9.18	8528.44	9.38	8935.36	9.18	9315.38	9.43
7858.34	9.31	8140.47	9.13	8248.32	9.16	8545.53	9.38	8947.41	9.28	9321.33	9.41
7863.28	9.48	8149.39	9.23	8254.31	9.18	8551.34	9.33	8979.30	9.15	9325.31	9.45
7866.35	9.11	8163.48	9.18	8267.32	9.17	8571.43	9.28	8998.33	9.25	9326.34	9.43
7870.30	9.36	8180.44	9.33	8271.32	9.18	8578.38	9.38	9249.46	9.41	9328.32	9.43
7873.35	9.41	8183.41	9.19	8452.56	9.21	8590.34	9.38	9250.53	9.38	9330.34	9.45
7876.32	9.41	8188.34	9.24	8489.47	9.43	8601.34	9.23	9251.44	9.43	9340.35	9.45
7899.32	8.99	8203.43	9.18	8505.42	9.48	8817.57	9.23	9261.41	9.38	9354.31	9.41
7906.33	9.22	8205.33	9.16	8517.44	9.45	8831.54	9.28	9274.46	9.43	9363.32	9.38

Die Helligkeit des Sterns schwankt in langgestreckten, niedrigen Wellen zwischen den Grenzen $9^{m}1$ und $9^{m}5$ (vis.). Zeitweilig kommt der Lichtwechsel auf längere Dauer fast ganz zum Stillstand, wobei jedoch die innerhalb dieser Abschnitte vorhandene konstante Helligkeit recht verschieden sein kann. Die besonders zu den Zeiten mit lebhafteren Lichtänderungen zutage tretende stärkere Streuung der Einzelbeobachtungen läßt auf geringe sekundäre Schwingungen von kurzer Dauer schließen. Gesetzmäßigkeiten im Ablauf des Lichtwechsels sind nicht nachzuweisen.

	Maxima		Minima	
J.D. 242	8140	$9^{m}17$	7874	$9^{m}39$
	—	—	8179	9.24
	8203—8271	konstant $9^{m}17$		
	8967	9.12	8503	9.45
	—	—	8904:	9.35
	9249—9363	konstant $9^{m}42$		

SVS 59 Mon gehört zu den unperiodischen Veränderlichen vom μ Cephei-Typ (I, 23. F, a); Spektrum: unbekannt; beobachtete Grenzen des visuellen Lichtwechsels: $9^{m}1$ und $9^{m}5$; galaktische Breite: — 1°; Lichtkurve wie CO Cyg.

V 767 Ophiuchi

Der im Jahre 1933 von C. Hoffmeister[149]) auf Sonneberger Platten entdeckte Veränderliche soll nach H. Boyce und Huruhata[150]) einen halbregelmäßigen Lichtwechsel mit einer Periode von 65 Tagen zeigen. Die im folgenden wiedergegebenen 60 Beobachtungen wurden zwischen 1934 Mai 31 und 1939 Juni 22 erhalten.

Vergleichsterne

Bez.	Ort 1855.0	photom. Gr.
V767Oph	$17^{h}\,23^{m}\,28^{s}$ + 2° 42'.4	var
r	17 23 14 + 2 39.1	$11^{m}54$
s	17 23 12 + 2 42.9	12.05
m	17 23 26 + 2 44.7	12.77

Beobachtungen

J.D. 242...	Gr.	J.D. 242...	Gr.	J.D. 242...	Gr.	J.D. 242...	Gr.	J.D. 242...	Gr.	J.D. 242...	Gr.
7589.45	$12^{m}15$	7891.60	$12^{m}15$	7984.48	$12^{m}20$	8263.59	[$12^{m}8$	8421.34	$12^{m}44$	9167.30	$12^{m}53$
7600.47	12.17	7907.50	[12.1	8020.45	12.62	8271.51	12.52	8427.36	12.47:	9192.25	12.47
7625.43	12.48	7918.46	12.33	8039.37	12.36	8280.54	12.41	8453.27	12.31	9193.25	12.45
7658.44	[13.0	7926.46	12.67	8044.35	12.35	8303.48	12.59	8635.53	12.52	9364.54	12.62
7685.34	12.87	7927.45	12.67	8055.32	12.49	8306.48	12.38	8655.55	12.55	9391.48	12.17
7691.32	12.40	7948.53	12.67	8069.30	12.56	8389.41	12.50	8694.44	12.45	9404.48	11.95
7706.30	[12.1	7951.44	12.51	8083.27	12.44	8403.45	12.27	8751.48	11.95	9410.51	12.20
7717.28	12.30	7960.46	12.33	8094.26	12.35	8405.40	12.31	8998.51	12.29	9422.47	12.33
7740.25	[11.6	7962.45	12.17	8099.24	12.53	8408.35	12.31	9020.50	12.24	9430.45	12.53
7750.23	[11.8	7975.45	12.23	8247.63	12.52	8419.34	12.35	9041.43	12.95	9437.48	12.87:

Die Lichtkurve besteht aus einer Folge von gut entwickelten, glatten Wellen mit Amplituden von $0^{m}3$ bis $1^{m}4$, deren Längen zwischen etwa 50 und 110 Tagen liegen. Dabei scheint eine lose Ver-

[149]) Astron. Nachr. 251.23 (1933). — [150]) Harv. Ann. 109, Nr. 4 (1942).

knüpfung zwischen den Amplituden und Längen der Einzelwellen vorhanden zu sein, indem den kürzeren Wellen die kleineren Helligkeitsamplituden zugehören und umgekehrt. Infolge der Lichtschwäche des Sterns entzogen sich die Minima häufiger der Beobachtung. Aus den vorhandenen Werten ist aber klar ersichtlich, daß die Minimalhelligkeit weit größeren Schwankungen unterworfen ist als die Größe der Maxima. Im übrigen verläuft der Lichtwechsel unperiodisch. Auch die mittlere Helligkeit des Sterns zeigt sehr langsame Schwankungen im Betrage von etwa 0^{m}4 innerhalb von 800 bis 1000 Tagen.

	Maxima		Minima			Maxima		Minima	
J.D. 242	7594	12^{m}14	—	—	J.D. 242	8291:	12^{m}25	8261:	12^{m}95
	7705	12.15	7666:	13^{m}3:		8407	12.28	—	—
	7902	12.05	—	—		—	—	8436	12.56
	7974	12.17	7938	12.9		8751:	11.95:	—	—
	8044	12.35	8013	12.7		9011	12.12	—	—
	8092	12.36	8070	12.58		9404	12.03	—	—

Beobachtete Grenzen des visuellen Lichtwechsels: 11^{m}9 und 13^{m}3; mittlere visuelle Amplitude: 0^{m}75; Spektrum: unbekannt; galaktische Breite: $+17^0$; μ Cephei-Art (I, 23. F, a); Lichtkurve wie RY Lac.

EV Orionis

Der Lichtwechsel des im Jahre 1930 von C. Hoffmeister[151]) auf Sonneberger Platten entdeckten Veränderlichen ist bereits von M. Esch[152]), N. Florja[153]), S. Seliwanow[154]) und P. Parenago[155]) bestätigt worden. Während Seliwanow kurzperiodische Schwankungen für wahrscheinlich hält, glaubt Parenago auf Grund von 18 Platten aus den Jahren 1896—1930 auf einen unregelmäßigen Lichtwechsel zwischen den photographischen Grenzen 11^{m}7 und 12^{m}9 schließen zu dürfen. Im folgenden sind die hier erhaltenen 142 Beobachtungen zwischen 1932 Okt. 3 und 1939 April 9 zusammengestellt.

Vergleichsterne

Bez.	BD-Nr. bzw. Ort 1855.0	photom. Gr.
EV Ori	$+9^0$ 780	var
c	$+9^0$ 773	9^{m}22
a	$+9^0$ 782	9.76
b	$+9^0$ 783	10.23
d	5^h 8^m 20^s $+9^0$ 21.1	10.84
e	5 7 39 $+9$ 30.7	11.33

Beobachtungen

J.D. 242...	Gr.	J.D. 242...	Gr.	J.D. 242...	Gr.	J.D. 242...	Gr.	J.D. 242...	Gr.	J.D. 242...	Gr.
6984.56	10^{m}06	7132.32	9^{m}69	7530.34	10^{m}02	7876.31	10^{m}05	8489.47	9^{m}94	8979.31	9^{m}94
7039.42	10.09	7133.31	9.70	7535.33	10.07	7899.32	10.19	8505.39	9.93	8998.32	9.81
7040.43	10.04	7137.32	9.76	7539.33	9.99	7906.33	10.35	8506.38	9.99	9166.52	11.13
7042.42	10.07	7144.35	9.81	7543.34	10.03	8053.57	10.09	8517.42	10.02	9192.42	10.69
7043.38	10.05	7152.37	9.83	7687.55	9.76	8069.52	9.88	8522.36	10.02	9193.43	10.64
7052.44	9.86	7153.36	9.90	7688.57	9.89	8081.54	9.92	8528.45	10.07	9195.50	10.62
7060.42	9.66	7154.31	9.91	7715.48	9.61	8096.51	9.88	8551.27	10.06	9234.44	9.45
7061.32	9.59	7157.31	9.89	7717.49	9.53	8111.48	9.76	8571.42	9.93	9249.39	9.76
7062.25	9.54	7176.33	9.94	7728.43	9.37	8121.41	9.66	8578.42	9.97	9250.34	9.64
7063.28	9.51	7332.59	9.99	7739.43	9.44	8140.38	9.95	8590.34	10.06	9261.35	9.76
7065.30	9.55	7343.48	10.09	7740.43	9.45	8163.48	9.99	8601.34	10.09	9274.45	9.97
7068.30	9.57	7344.51	10.07	7745.51	9.45	8180.44	10.18	8624.32	10.07	9280.34	10.11
7070.44	9.55	7359.49	10.18	7755.45	9.89	8182.38	10.09	8777.56	9.96	9293.47	10.28
7075.34	9.54	7363.44	10.10	7765.40	10.23	8190.37	10.10	8784.55	9.94	9301.29	10.45
7078.33	9.56	7368.49	10.07	7781.39	10.35	8204.48	10.04	8798.50	9.99	9312.28	10.28
7082.38	9.57	7372.44	10.05	7832.42	9.61	8228.38	10.05	8806.55	9.90	9315.36	10.28
7087.39	9.61	7384.43	9.92	7840.47	9.61	8244.34	10.10	8816.54	9.90	9321.30	10.15
7093.56	9.94	7460.28	10.11	7841.39	9.58	8248.31	10.10	8840.54	9.78	9325.32	10.08
7094.27	9.89	7481.40	9.92	7843.36	9.56	8254.32	10.28	8853.54	9.86	9327.33	10.05
7095.34	9.94	7483.38	9.92	7853.36	9.61	8267.32	10.38	8905.35	10.04	9340.35	9.81
7097.42	9.94	7488.27	10.01	7858.33	9.66	8422.55	10.31	8923.39	10.33	9354.31	9.64
7118.45	9.88	7506.33	10.12	7863.26	9.81	8424.52	10.18	8931.26	10.31	9363.31	9.78
7124.31	9.86	7512.35	10.14	7866.38	9.95	8450.45	9.94	8935.28	10.33		
7131.37	9.76	7529.33	10.09	7870.30	9.92	8481.52	9.99	8947.43	10.21		

In der Lichtkurve werden glatte Wellen mit Längen von etwa 100 bis 130 Tagen und Amplituden bis zu 1^{m}7 ohne jeden Übergang von Folgen niedriger und formloser Buckel oder Höcker abgelöst. Im Abschnitt J.D. 242 8450—8625 schrumpft die Amplitude auf 0^{m}2 zusammen, wobei die

[151]) Astron. Nachr. **247**.136 (1932). — [152]) Ebenda. — [153]) Ebenda. — [154]) Beob.-Zirk. 13.2. — [155]) NNVS **4**.226.

mittlere Helligkeit konstant $10^{m}0$ bleibt. Zu anderen Zeiten sind wieder beträchtliche und langsame Schwankungen der mittleren Helligkeit vorhanden, während der primäre Lichtwechsel in niedrigen Wellen verläuft.

Maxima		Minima		Maxima		Minima	
J.D. 242 7068	$9^{m}52$	—	—	J.D. 242 7844	$9^{m}54$	7783	$10^{m}35$
7134	9.72	7105	$10^{m}05$	8123	9.69	—	—
—	—	7170	9.95	8220	10.00	8184	10.12
—	—	7356	10.16	8841	9.77	—	—
7480	9.95	—	—	—	—	8931	10.32
—	—	7513	10.14	9231	9.44	9166:	11.12
7733	9.34	7699	9.94	9354	9.67	9302	10.40

EV Ori gehört wahrscheinlich zu den Unperiodischen vom RW Aurigae-Typ (I, 22. G, a); Spektrum: Ko; galaktische Breite: — 15°.

AZ Pegasi

Der Lichtwechsel wurde 1930 von C. HOFFMEISTER[156]) auf Sonneberger Platten entdeckt. S. BÖHME[157]) fand auf 83 Bamberger Ernostarplatten aus den Jahren 1930—38 ungemein langsam verlaufende unregelmäßige Helligkeitsänderungen zwischen den photographischen Grenzen $10^{m}2$ und $11^{m}1$. Die hier erhaltenen 93 Beobachtungen überdecken den Zeitabschnitt 1932 Dez. 10 bis 1939 Sept. 12.

Vergleichsterne

Bez.	BD-Nr.	photom. Gr.
AZ Peg	+ 28° 4289	var
r	+ 27° 4258	$8^{m}95$
s	+ 28° 4293	9.41

Beobachtungen

J.D. 242...	Gr.	J.D. 242...	Gr.	J.D. 242...	Gr.	J.D. 242...	Gr.	J.D. 242...	Gr.	J.D. 242...	Gr.
7052.31	$9^{m}11$	7262.52	$9^{m}11$	7589.51	$9^{m}03$	7960.48	$8^{m}85$	8428.48	$9^{m}26$	9166.49	$9^{m}13$
7054.25	9.13	7273.54	9.09	7602.49	9.18	7985.51	9.17	8505.36	9.05	9193.36	9.41
7060.43	9.26	7277.50	9.10	7605.53	9.19	8023.50	9.11	8506.32	9.15	9235.38	9.27
7061.29	9.26	7281.54	9.08	7623.51	9.10	8037.41	9.01	8518.29	9.15	9245.22	9.46
7063.25	9.21	7299.51	9.08	7661.49	9.18	8049.47	8.92	8522.29	9.15	9250.32	9.30
7065.29	9.21	7307.54	9.13	7677.47	9.10	8072.32	8.92	8542.31	9.10	9251.30	9.28
7068.25	9.23	7321.37	8.95	7685.47	9.01	8077.51	9.07	8752.52	9.43	9262.24	9.24
7072.27	9.21	7325.40	8.95	7691.37	9.04	8088.49	9.17	8772.44	9.36	9280.31	9.11
7078.30	9.11	7333.38	8.99	7695.33	8.95	8122.43	9.06	8784.59	9.36	9412.54	8.95
7083.24	9.11	7342.38	9.01	7708.45	9.12	8164.30	8.95	8798.48	9.53	9420.52	9.04
7093.26	9.03	7359.39	9.16	7715.50	9.11	8182.30	9.07	8817.51	9.56	9429.52	9.01
7094.26	9.01	7372.43	9.05	7728.52	9.13	8205.28	9.05	8905.28	9.41	9493.43	8.95
7097.29	9.01	7384.38	9.08	7755.36	9.13	8303.56	9.15	8937.28	8.83	9519.51	9.24
7098.24	9.15	7483.28	9.56	7765.41	9.12	8306.52	9.23	9022.57	9.30		
7214.49	9.09	7567.57	9.03	7841.28	9.01	8409.41	9.32	9054.53	8.89:		
7260.48	9.09	7578.52	8.85	7948.51	8.85	8422.51	9.41	9057.51	8.84		

Der Stern zeigt geringe Helligkeitsänderungen in etwa 110tägigen Schwankungen zwischen den visuellen Grenzen $8^{m}8$ und $9^{m}6$. Niedrige und zuweilen ziemlich rasch verlaufende sekundäre Schwingungen stören den ohnehin schon unregelmäßigen Aufbau der Einzelwellen, deren Amplituden sprunghaft zwischen $0^{m}15$ und $0^{m}7$ wechseln. Infolge der oft weit auseinander liegenden Beobachtungen ist die Festlegung der Epochen für die Maxima und Minima schwierig und unsicher. Die Zwischenzeiten der einigermaßen sicher bestimmbaren Phasenepochen liegen zwischen 85 und 135 Tagen. Gesetzmäßigkeiten des Lichtwechsels sind nicht nachzuweisen.

Maxima		Minima		Maxima		Minima	
J.D. 242 7327	$8^{m}95$	7066	$9^{m}22$	J.D. 242 8147	$8^{m}87$	8418	$9^{m}44$
7578	8.85	7483:	9.55	8941:	8.82	8815:	9.56
7695	8.99	7999	9.23	9055:	8.85	9212	9.47
7955	8.82	8101	9.22	9417:	8.97		
8061	8.88	8194	9.10				

---

156) Astron. Nachr. **240**.193 (1930). — 157) Astron. Nachr. **269**.239 (1939).

AZ Pegasi gehört zu den unperiodischen roten Veränderlichen vom Typus μ Cephei (I, 23. F, a); beobachtete Grenzen des visuellen Lichtwechsels: 8^m8 und 9^m6; mittlere visuelle Amplitude: 0^m4; Spektrum: unbekannt; Farbenindex: $+1^m5$; galaktische Breite: -22^0. Lichtkurve wie RY Lac.

AX Persei

Der im Jahre 1932 von E. M. LINDSAY[158]) auf Harvard-Platten aufgefundene Veränderliche zeigt nach der Beschreibung des Entdeckers sehr eigentümliche Helligkeitsänderungen zwischen 9^m4 und 13^m4. Nach K. HIMPEL[159]), der den Stern zwischen 1937 Juni und 1940 März visuell beobachtete und ihn auf 103 Ernostarplatten aus den Jahren 1929—39 nachsehen konnte, waren während dieser Zeit nur langsame Helligkeitsänderungen innerhalb der Grenzen 11^m3 und 12^m1 (visuell) bzw. 12^m und 13^m (photogr.) festzustellen. Auch S. BÖHME[160]) fand auf 81 Bamberger Platten zwischen 1929 Januar und 1938 März nur geringe Schwankungen zwischen 12^m2 und 13^m0 (photogr.). Die hier erhaltenen 78 Beobachtungen überdecken den Zeitabschnitt 1932 Dez. 18 bis 1939 Mai 30.

Vergleichsterne

Bez.	Ort 1855.0	photom. Gr.
AX Per	$1^h\ 27^m\ 11^s\ +53^0\ 30'.0$	var
g	1 26 51 + 53 40.0	11^m57
t	1 26 46 + 53 30.2	11.76
s	1 26 33 + 53 36.3	11.98
w	1 27 28 + 53 33.5	12.54

Beobachtungen

J.D. 242...	Gr.	J.D. 242...	Gr.	J.D. 242...	Gr.	J.D. 242...	Gr.	J.D. 242...	Gr.	J.D. 242...	Gr.
7060.50	11^m97	7159.48	12^m48	7506.37	12^m12	7715.39	12^m54	8248.33	12^m19	8840.60	11^m85
7061.26	12.28	7181.38	12.54	7531.37	12.18	7840.51	12.37	8268.34	12.15	8949.42	12.15
7068.42	12.23	7261.52	11.97	7532.46	12.18	7841.45	12.34	8395.53	12.66	9160.39	12.44
7070.46	12.28	7274.49	12.33	7535.35	12.20	7866.44	12.40	8409.45	12.66	9193.39	12.54
7083.26	12.24	7282.40	12.20	7546.43	12.15	7871.43	12.34	8422.50	12.66	9244.21	12.40
7087.40	12.26	7299.51	12.20	7567.43	12.20	7963.52	12.25	8429.42	12.69	9249.51	12.39
7094.40	12.26	7307.45	12.18	7599.46	12.26	8023.47	12.24	8484.43	12.62	9251.35	12.32
7095.44	12.33	7325.39	12.19	7605.48	12.18	8037.42	12.13	8506.39	12.59	9280.33	11.99
7097.42	12.35	7336.40	12.24	7625.49	12.25	8049.45	12.13	8518.44	12.59	9302.36	12.09
7124.50	12.26	7342.32	12.18	7658.42	12.20	8072.41	12.09	8578.41	12.44	9321.32	12.02
7132.39	12.47	7358.36	12.17	7684.49	12.33	8180.50	12.20	8752.54	12.21	9325.29	12.03
7133.33	12.48	7359.34	12.18	7693.47	12.37	8205.31	12.19	8777.54	12.17	9341.34	12.02
7153.38	12.47	7483.32	12.10	7710.39	12.37	8247.36	12.15	8817.56	12.15	9414.50	12.32

Die Helligkeit schwankt in sehr langgestreckten und unregelmäßig geformten Wellen mit Längen von etwa 400 bis 800 Tagen zwischen den visuellen Grenzen 11^m8 und 12^m7. Zu den Zeiten der besonders breiten und flachen Maxima sind schwache sekundäre Änderungen von kaum mehr als 0^m1 angedeutet, die ebenfalls in wellenförmigen Schwingungen von etwa 150 bis 200 Tagen verlaufen. In Übereinstimmung mit dem Ergebnis von K. HIMPEL wurden auch hier in den Jahren 1932—39 keine ungewöhnlichen Erscheinungen, insbesondere kein helleres Aufleuchten des Sterns, bemerkt. Die 1929 plötzlich eingetretene Beruhigung des Lichtwechsels hat danach bis 1939 fortbestanden.

Maxima			Minima		
J.D. 242 7470:	12^m10	sehr flach	J.D. 242 7190	12^m55	flach
8089	12.08	sehr flach	7760	12.55	flach
8870	11.78	rund	8424	12.68	sehr flach
9309	11.98	rund	9210	12.57	flach

Die Beschaffenheit des Spektrums, in dem nach HUMASON und MERRILL[161]) helle Wasserstoff-, Helium- und Nebellinien einen kontinuierlichen Untergrund mit dunklen Titanbändern überlagern, weist auf eine enge Verwandtschaft mit den Nova-ähnlichen Veränderlichen hin. Z And-Art (I, 21. J, d).

Beobachtete Grenzen des visuellen Lichtwechsels: 11^m8 und 12^m7; galaktische Breite: -8^0.

83.1933 Sagittae

Die Veränderlichkeit des Sterns wurde im Jahre 1933 von O. MORGENROTH[162]) auf Sonneberger Platten mit Helligkeitsschwankungen zwischen 10^m5 und 12^m entdeckt. MORGENROTH konnte die Art

[158]) Harv. Bull. 888 (1932). — [159]) Astron. Nachr. **270**.184. — [160]) Astron. Nachr. **266**.172 (1938). — [161]) Astrophys. Journ. **94**.291. — [162]) Astron. Nachr. **249**.385 (1933).

des Lichtwechsel nicht sicher erkennen, hielt aber kurzperiodische Änderungen für wahrscheinlich. Die folgenden 75 Beobachtungen überdecken den Zeitabschnitt 1934 Juli 4 bis 1939 Aug. 17.

Vergleichsterne

Bez.	BD-Nr. bzw. Ort 1855.0	photom. Gr.
83.1933 Sge	+ 17° 4061	var
a	+ 17° 4070	10^{m}10
b	19^h 36^m 34^s + 18° 2!1	10.64
c	19 36 33 + 17 57.2	10.92
d	19 36 0 + 17 56.9	11.09

Beobachtungen

J.D. 242...	Gr.	J.D. 242...	Gr.	J.D. 242...	Gr.	J.D. 242...	Gr.	J.D. 242...	Gr.	J.D. 242...	Gr.
7623.53	10^{m}39	7948.45	10^{m}51	8094.43	10^{m}45	8429.45	10^{m}29	8778.33	10^{m}49	9192.35	10^{m}29
7628.47	10.41	7952.51	10.46	8111.29	10.55	8435.47	10.22	8798.42	10.44	9230.26	10.28
7661.50	10.71	7962.50	10.32	8122.32	10.57	8450.40	10.32	8817.45	10.46	9249.23	10.35
7685.52	10.87	7975.51	10.28	8180.23	10.53	8462.34	10.41	8854.23	10.48	9251.22	10.33
7689.50	11.16	7984.50	10.30	8247.64	10.45	8505.28	10.52	9016.54	10.32	9364.55	10.44
7693.47	11.00	8020.48	10.59	8268.52	10.41	8522.23	10.46	9020.47	10.35	9391.49	10.48
7708.32	10.68	8025.49	10.51	8303.55	10.39	8526.25	10.42	9038.50	10.30	9410.42	10.25
7715.41	10.64	8032.48	10.49	8325.51	10.48	8623.56	10.41	9045.53	10.29	9412.45	10.25
7728.41	10.54	8036.47	10.39	8389.48	10.34	8654.51	10.46	9054.47	10.29	9422.49	10.23
7740.28	10.33	8056.37	10.32	8405.39	10.37	8677.47	10.43	9087.52	10.41	9493.42	10.49
7755.27	10.25	8060.35	10.28	8408.42	10.35	8694.45	10.40	9157.40	10.28		
7919.50	10.32	8069.36	10.45	8421.35	10.33	8751.54	10.46	9167.38	10.23		
7926.51	10.39	8083.37	10.42	8424.49	10.31	8769.38	10.50	9175.32	10.32		

Nach der Lichtkurve verlaufen die Helligkeitsänderungen in ziemlich glatten, zumeist langgestreckten und niedrigen Wellen zwischen den visuellen Grenzen 10^{m}2 und 11^{m}1. Während die Maxima fast alle nahezu die gleiche Höhe erreichen, weisen die Minima sehr verschiedene Tiefen auf. Die Lichtkurve beginnt im ersten Abschnitt J.D. 242 7623—7755 mit einer etwa 140tägigen Welle von 0^{m}8 Amplitude (10^{m}24 bis 11^{m}04). Es folgen dann zwischen J.D. 242 7919 und 8080 mehrere kurze Wellen von rund 70 Tagen mit Höhen von 0^{m}25 bis 0^{m}35 (10^{m}25 bis 10^{m}65). Anschließend, von J.D. 242 8080 bis 9260, sind langgestreckte und sehr geringe Schwankungen von 0^{m}1 bis 0^{m}3 und rund 150tägiger Dauer vorhanden. Möglicherweise treten durch Aufspaltungen auch Wellen von halber Länge auf (J.D. 242 8288 bis 8438). Die Amplitude ist zeitweilig so klein, daß der Lichtwechsel fast zu ruhen scheint (J.D. 242-8623—8854). Am Schluß der Beobachtung pendelt die Helligkeit wieder etwas lebhafter und in kürzeren Wellen zwischen den Grenzen 10^{m}2 und 10^{m}6. Trotz der aufgezeigten Unregelmäßigkeiten ist eine Neigung zu Schwankungen von 150 Tagen oder der halben Dauer nicht zu verkennen. Eine Periodizität ist jedoch auch innerhalb kurzer Abschnitte nicht vorhanden. Die mittlere Helligkeit des Sterns ist wahrscheinlich um 0^{m}3 in Schwankungen von sehr langer Dauer (~ 3000^d) veränderlich.

Maxima		Minima		Maxima		Minima	
J.D. 242 7621:	10^{m}39	—	—	J.D. 242 8711	10^{m}39	8647	10^{m}46
7759:	10.24	7688	11^{m}04	—	—	8778	10.49
7975	10.27	7943	10.54	9043	10.28	—	—
8053	10.27	8012	10.64	9196	10.25	9097	10.43
8288	10.35	—	—	9423	10.21	9382	10.53
8438	10.21	8406	10.36	—	—	9473:	10.6:
8623—8854 fast konstant			10.44				

Beobachtete Grenzen des visuellen Lichtwechsels: 10^{m}2 und 11^{m}1; Spektrum: unbekannt; galaktische Breite: — 4°; Lichtkurve wie AD Cyg. μ Cephei-Art (I, 23. F, a).

UZ Tauri

Eine ausführliche Beschreibung des Lichtwechsels hat K. HIMPEL[163]) auf Grund einer zusammenfassenden Bearbeitung aller bis 1940 erreichbaren Beobachtungen gegeben. Danach hat ein

[163]) Astron. Nachr. **272**.78 (1941).

letztes schwaches Aufleuchten dieses Nova-ähnlichen Sterns in den Jahren 1929—33 stattgefunden. Nach Sonneberger Platten soll die Helligkeit in dieser Zeit etwa $12^{m}6$ erreicht haben, war aber im Okt. 1940 bereits wieder auf $13^{m}7$ gesunken. Die aufgeführten visuellen Beobachtungen dürften indessen durch Nullpunkts-Differenzen der photometrischen Systeme entstellt sein. So findet L. JACCHIA[164]) während des Aufleuchtens die visuelle Helligkeit $13^{m}0$ und K. HIMPEL im Jahre 1939 die nur um $0^{m}2$ schwächere Größe $13^{m}2$. Die hier erhaltenen 16 Beobachtungen zwischen 1930 Okt. 14 und 1948 Sept. 27 reichen zu einer Beurteilung des Lichtwechsels nicht aus.

Vergleichsterne

Bez.	Ort 1855.0	photom. Gr.
UZ Tau	$4^h\ 23^m\ 53^s + 25^0\ 33'9$	var
m	4 24.4 + 25 31	$12^{m}67$
n	4 23.3 + 25 30	12.94
o	4 23.4 + 25 34	13.53

Beobachtungen

J.D. 242...	Gr.	J.D. 242...	Gr.	J.D. 243...	Gr.	J.D. 243...	Gr.
6264.35	[$12^{m}0$	7095.42	$13^{m}2$:'	2214.39	$12^{m}74$	2533.40	$13^{m}02$
6299.30	[11.5	7097.46	13.3	2227.41	12.57	2595.42	10.03
6609.40	[12.0	32071.50	12.31	2419.55	13.53	2609.35	13.53
6984.57	13.6	2207.51	12.92	2470.49	13.20	2822.47	13.02

Spektrum: dM2e; galaktische Breite: —13°. Wahrscheinlich Z Andromedae-Art (I, 21. J, d).

WZ Tauri

Die Helligkeit des im Jahre 1928 von L. CERASKI[165]) aufgefundenen Veränderlichen soll nach den 12 Moskauer Entdeckungsplatten zwischen den photographischen Grenzen $9^{m}5$ und $11^{m}5$ schwanken. P. PARENAGO[166]), der den Stern auf 25 Platten schätzte, fand dagegen einen nur geringen Lichtwechsel zwischen den wesentlich tiefer liegenden photographischen Grenzen $12^{m}2$ und $12^{m}8$. Im Zeitabschnitt 1932 Aug. 28 bis 1939 Sept. 12 wurden hier die folgenden 127 Beobachtungen erhalten.

Vergleichsterne

Bez.	BD-Nr. bzw. Ort 1855.0	photom. Gr.
WZ Tau	$3^h\ 38^m\ 39^s + 19^0\ 57'$	var
a	$+ 19^0$ 593	$11^{m}02$
b	$+ 19^0$ 590	11.41
c	$3^h\ 39^m0\ \ + 19^0\ 48'$	11.58

Beobachtungen

J.D. 242...	Gr.	J.D. 242...	Gr.	J.D. 242...	Gr.	J.D. 242...	Gr.	J.D. 242...	Gr.	J.D. 242...	Gr.
6948.52	$11^{m}41$	7157.35	$11^{m}41$	7684.49	$11^{m}28$	8053.50	$11^{m}18$	8484.42	$11^{m}27$	9167.55	$11^{m}48$
6976.48	11.29	7305.53	11.15	7689.55	11.28	8069.49	11.30	8493.37	11.26	9192.43	11.53
6979.47	11.27	7327.46	10.87	7696.50	11.29	8081.57	11.24	8505.39	11.16	9193.41	11.51
6984.54	11.27	7332.55	10.82	7710.44	11.31	8096.50	11.50	8517.45	11.17	9234.44	10.87
6986.54	11.25	7335.49	10.82	7715.40	11.26	8111.48	11.44	8542.33	11.10	9243.27	10.82
7040.39	11.30	7342.46	11.10	7717.47	11.24	8122.44	11.46	8571.45	11.19	9249.44	10.77
7060.34	11.46	7343.44	11.02	7728.49	11.22	8140.43	11.36	8601.34	11.53	9261.34	10.82
7062.24	11.51	7358.39	11.55	7739.43	11.26	8164.24	11.53	8752.53	10.92	9274.53	11.02
7063.28	11.53	7359.44	11.41	7740.42	11.24	8180.46	11.46	8775.47	11.26	9279.22	11.07
7068.41	11.46	7372.40	11.58	7765.42	11.31	8188.36	11.46	8777.53	11.25	9280.33	11.11
7073.23	11.51	7384.44	11.46	7781.40	11.66	8204.42	11.36	8784.56	11.30	9301.30	11.53
7075.32	11.58	7481.37	11.48	7832.39	11.25	8206.29	11.33	8798.51	11.46	9315.36	11.61
7087.42	11.63	7483.33	11.68	7840.49	11.31	8229.27	11.26	8806.55	11.71	9321.32	11.6:
7095.34	11.41	7488.28	11.61	7841.38	11.24	8244.35	11.19	8816.54	11.71	9322.28	11.59
7097.47	11.37	7505.29	11.31	7843.37	11.22	8267.34	11.41	8840.49	11.41	9325.32	11.56
7123.44	10.84	7506.39	11.35	7858.33	11.18	8396.51	10.84	8859.28	11.30	9327.31	11.59
7124.39	10.84	7512.32	11.27	7866.40	11.17	8403.51	11.02	8905.35	11.20	9330.34	11.56
7131.36	10.87	7530.34	11.29	7870.32	11.08	8409.48	11.02	8923.36	11.17	9332.32	11.49
7132.32	10.84	7531.33	11.31	7873.35	10.97	8422.50	11.14	8935.34	11.25	9340.37	11.41
7152.39	11.26	7669.50	11.31	8023.53	11.26	8428.49	11.23	8949.41	11.14	9354.31	11.41
7153.31	11.23	7683.53	11.26	8044.48	11.19	8435.42	11.29	9160.46	11.41	9364.33	11.17
										9519.51	11.55

Die Helligkeit des Sterns wechselt in recht verschieden geformten Wellen mit Längen von 65 bis zu 155 Tagen und Amplituden von $0^{m}15$ bis $0^{m}95$ zwischen den visuellen Grenzen $10^{m}75$ und $11^{m}85$. Einzelnen, sehr regelmäßig aufgebauten Sinuswellen stehen Folgen von mehr oder weniger gestörten

[164]) Publ. Bologna **2**.183 (1933). — [165]) Astron. Nachr. **232**.15 (1927). — [166]) NNVS 4.231.

Schwingungen gegenüber, aus denen kürzere sekundäre Schwankungen mit Längen von etwa 40 bis 60 Tagen deutlich hervortreten. Zuweilen gliedern diese sekundären Wellen die Hauptschwankungen in mehrere Teilwellen auf. Auch die mittlere Helligkeit des Sterns ist langsamen, geringen und regellos verlaufenden Änderungen zwischen etwa 11^m2 und 11^m5 unterworfen. Anzeichen einer Gesetzmäßigkeit des Lichtwechsels sind nicht vorhanden.

Maxima		Minima		Maxima		Minima	
J.D. 242 7012:	11^m16:	—	—	J.D. 242 8140	11^m36	8109	11^m50
7127	10.83	7082	11^m70	8241	11.19	8174	11.51
7328	10.80	—	—	8396	10.91	—	—
7521:	11.20:	7372	11.58	8551	11.09	8457	11.35
7728	11.20	—	—	8748:	10.9	—	—
7882:	10.8:	7795	11.82	—	—	8816	11.71
8053	11.19	—	—	9252	10.76	9184	11.57
						9315	11.63

Beobachtete Grenzen des visuellen Lichtwechsels: 10^m75 und 11^m85; mittlere visuelle Amplitude: 0^m55; Spektrum: unbekannt; galaktische Breite: — 25°. μ Cephei-Art (I, 23. F, a). Lichtkurve wie RY Lac.

RZ Ursae Majoris

Fortsetzung von Erg.-Heft z. d. Astron. Nachr. 8.C 49 (1930).

Von dem Veränderlichen wurden hier in den Jahren 1924—29 und 1932—39 insgesamt 428 Beobachtungen erhalten. Eine Bearbeitung von 199 Helligkeitsschätzungen aus den Jahren 1924—29 ist bereits in Erg.-Heft z. d. Astron. Nachr. 8.C 49 (1930) veröffentlicht worden. Danach verlief der Lichtwechsel von 1924 April bis 1925 Juni unter geringen Schwankungen von etwa 0^m25 mit einer Periode von 76^d7. Nach einem kurzen Übergang setzte 1925 Juli ein erheblich lebhafterer Lichtwechsel mit einer mittleren Amplitude von 0^m77 und einer Periode von 136^d4 ein, der nahezu 3 Jahre lang bis 1928 Juni anhielt. Nach einer 215tägigen Übergangszeit mit konstantem Licht begannen die Helligkeitsänderungen 1929 Januar von neuem. Über ihren Verlauf konnte im Mai 1929 noch nichts ausgesagt werden. Die im folgenden mitgeteilten 231 Beobachtungen erstrecken sich über den Zeitraum 1932 Nov. 27 bis 1939 Juni 15.

Vergleichsterne s. Erg.-Heft z. d. Astron. Nachr. 8.C 49.

Beobachtungen

J.D. 242...	Gr.	J.D. 242...	Gr.	J.D. 242...	Gr.	J.D. 242...	Gr.	J.D. 242...	Gr.	J.D. 242...	Gr.
7039.39	9^m69	7181.37	9^m88	7512.42	9^m42	7677.36	9^m76	7870.51	9^m24	8180.40	9^m72
7040.22	9.77	7185.52	9.89	7529.36	9.56	7683.53	9.69	7875.47	9.22	8183.27	9.68
7042.23	9.80	7188.45	9.88	7530.45	9.53	7685.36	9.70	7891.59	9.30	8188.27	9.68
7043.27	9.83	7195.50	9.97	7531.46	9.51	7687.54	9.65	7899.48	9.32	8203.40	9.76
7052.41	9.85	7204.39	10.07	7532.48	9.48	7689.50	9.70	7906.41	9.34	8205.30	9.84
7055.43	9.88	7214.41	10.06	7534.40	9.42	7692.41	9.70	7913.40	9.37	8229.30	9.77
7059.26	9.85	7259.47	9.36	7543.46	9.39	7696.51	9.72	7916.41	9.32	8237.31	9.77
7060.36	9.85	7263.47	9.30	7546.38	9.51	7706.40	9.65	7926.41	9.27	8246.48	9.65
7061.26	9.84	7274.47	9.22	7553.53	9.50	7708.43	9.65	7931.42	9.27	8248.51	9.65
7062.37	9.86	7277.51	9.22	7554.40	9.52	7709.29	9.60	7945.42	9.27	8266.53	9.56
7063.25	9.86	7281.44	9.20	7559.39	9.57	7715.34	9.56	7949.43	9.30	8268.41	9.57
7065.29	9.92	7297.48	9.32	7562.40	9.53	7717.46	9.47	7953.42	9.27	8271.53	9.51
7068.31	9.87	7305.50	9.55	7567.41	9.44	7724.34	9.32	7962.42	9.24	8278.42	9.48
7070.50	9.90	7309.36	9.65	7572.46	9.48	7728.38	9.27	7970.44	9.24	8282.38	9.48
7073.22	9.87	7320.39	9.69	7574.39	9.47	7736.43	9.17	7977.44	9.12	8290.38	9.48
7075.33	9.91	7325.34	9.79	7575.43	9.50	7739.23	9.13	7985.44	9.12	8304.51	9.48
7078.31	9.94	7332.59	9.85	7588.44	9.49	7740.37	9.14	8020.51	9.12	8321.44	9.42
7087.37	9.88	7336.45	9.90	7589.42	9.48	7743.42	9.10	8032.43	9.02	8328.50	9.49
7094.27	9.77	7342.47	9.88	7600.45	9.42	7755.29	9.12	8044.50	9.10	8338.45	9.67
7095.27	9.78	7345.54	9.87	7604.44	9.39	7765.33	9.07	8053.50	9.12	8356.43	9.92
7097.42	9.80	7359.35	9.87	7612.46	9.48	7781.27	9.07	8069.53	9.30	8389.54	9.79
7118.50	9.60	7372.43	9.79	7617.46	9.56	7832.46	9.17	8077.48	9.34	8396.54	9.85
7124.47	9.74	7384.42	9.73	7627.43	9.48	7840.56	9.22	8081.54	9.37	8407.36	9.87
7132.47	9.74	7460.27	9.22	7628.45	9.48	7841.36	9.12	8083.41	9.42	8409.44	9.86
7133.48	9.76	7470.27	9.27	7653.40	9.79	7843.27	9.12	8095.40	9.51	8422.49	9.84
7145.38	9.79	7481.38	9.42	7657.54	9.85	7855.35	9.22	8111.49	9.65	8426.46	9.78
7153.46	9.85	7483.26	9.44	7664.43	9.83	7858.26	9.27	8121.42	9.59	8429.43	9.78
7157.46	9.85	7488.27	9.42	7669.41	9.76	7860.50	9.22	8140.29	9.53	8449.44	9.86
7161.50	9.87	7506.46	9.27	7676.39	9.77	7865.36	9.20	8163.46	9.54	8479.41	9.78

J.D. 242...	Gr.	J.D. 242...	Gr.	J.D. 242...	Gr.	J.D. 242...	Gr.	J.D. 242...	Gr.	J.D. 242...	Gr.
8489.42	$9^{\mathrm{m}}77$	8622.50	$9^{\mathrm{m}}66$	8816.55	$9^{\mathrm{m}}32$	9008.50	$9^{\mathrm{m}}30$	9249.39	$9^{\mathrm{m}}42$	9354.48	$9^{\mathrm{m}}85$
8505.38	9.65	8636.51	9.77	8822.48	9.30	9015.37	9.19	9250.35	9.40	9364.43	9.84
8507.34	9.72	8654.45	9.74	8840.53	9.42	9020.38	9.15	9261.34	9.27	9381.42	9.99
8517.40	9.58	8677.42	9.68	8854.52	9.37	9038.43	9.20	9274.49	9.22	9397.43	9.89
8518.45	9.67	8686.49	9.66	8876.35	9.52	9045.43	9.22	9301.39	9.37	9404.43	9.87
8526.24	9.68	8751.56	9.17	8905.32	9.68	9054.43	9.27	9315.40	9.53	9413.48	9.89
8551.27	9.75	8756.55	9.22	8923.33	9.71	9062.42	9.42	9321.35	9.65	9430.50	9.84
8571.46	9.67	8770.40	9.22	8938.36	9.82	9166.46	9.72	9326.32	9.66		
8578.54	9.67	8784.54	9.27	8978.44	9.65	9192.43	9.91	9340.41	9.78		
8601.39	9.56	8798.47	9.27	8990.47	9.42	9234.45	9.65	9346.47	9.81		

Die Lichtkurve besteht aus sehr ungleichen, langgestreckten Wellen zwischen den visuellen Grenzen $9^{\mathrm{m}}0$ und $10^{\mathrm{m}}1$ mit einer mittleren Amplitude von $0^{\mathrm{m}}45$. Die einzelnen Kurvenzweige sind meistens ziemlich glatt, aber sehr unregelmäßig geformt. Zeitweilig treten rasch verlaufende sekundäre Wellen mit Amplituden bis zu $0^{\mathrm{m}}2$ auf, die erhebliche Verlagerungen der Hauptphasen hervorrufen. Eine ausgesprochene Periodizität des Lichtwechsels ist sicher nicht vorhanden. Die Zwischenzeiten der Maxima nehmen Werte von 119 bis zu 173 Tagen an. Bei den schlechter definierten Minima sind die Unterschiede noch größer. Im Mittel ergeben sich Abstände vou 144 Tagen, die bei einer rechnerischen Darstellung der einzelnen Epochen Abweichungen bis zu $\pm$ 36 Tagen (im Mittel $\pm$ 18^{d}) übrig lassen. Die früher für die Jahre 1924—29 aus zeitlich begrenzten Abschnitten abgeleiteten Perioden von 76.7 und 136.4 Tagen entsprechen auch den obigen genäherten Zwischenzeiten bzw. ihren Hälften. Die mittlere Helligkeit des Sterns schwankt in sehr langgestreckten Wellen von 1100 bis 1700 Tagen zwischen den Grenzen $9^{\mathrm{m}}4$ und $9^{\mathrm{m}}8$. Für den Abschnitt 1932—39 wurden die folgenden Phasenepochen bestimmt.

Maxima		Minima		Maxima		Minima		Maxima		Minima	
J.D. 242 7115	$9^{\mathrm{m}}62$	7077	$9^{\mathrm{m}}91$	J.D. 242 8149	$9^{\mathrm{m}}50$	8116	$9^{\mathrm{m}}64$	J.D. 242 8752:	$9^{\mathrm{m}}20$	8644	$9^{\mathrm{m}}78$
7282	9.20	7209	10.06	8303	9.42	8218	9.82	9031	9.16	8956:	9.87
7455	9.20	7348	9.90	8389	9.80	8366	9.94	9150:	9.63	—	—
7597	9.44	7544:	9.52	8435	9.75	8411	9.88	9275	9.20	9202	9.93
7762	9.12	7663	9.80	8518	9.62	8459	9.89			9385	9.96
8022	9.03	7915	9.35	8603	9.55	8553	9.75				

Beobachtete Grenzen des visuellen Lichtwechsels: $8^{\mathrm{m}}9$ und $10^{\mathrm{m}}2$; Spektrum: M7; galaktische Breite: $+34^{0}$; μ Cephei-Art (I, 23. F, a). Lichtkurve wie TU Gem.

SVS 43 Ursae Majoris

Im Jahre 1923 zeigte A. W. SOLOWIEW[167]) die Entdeckung von Helligkeitsänderungen des Sterns BD $+ 54^{0}1490$ zwischen den visuellen Grenzen $9^{\mathrm{m}}0$ und $9^{\mathrm{m}}7$ an. Spätere Beobachtungen, die eine Bestätigung des Lichtwechsels geben könnten, sind bislang nicht bekannt geworden. Die hier erhaltenen 78 Helligkeitsschätzungen verteilen sich über den Zeitabschnitt 1934 Juli 7 bis 1939 Mai 29.

Vergleichsterne

Bez.	BD-Nr.	photom. Gr.
SVS 43 UMa	$+ 54^{0}$ 1490	var
a	$+ 54^{0}$ 1491	$9^{\mathrm{m}}19$
c	$+ 54^{0}$ 1484	9.43
b	$+ 54^{0}$ 1485	9.65

Beobachtungen

J.D. 242...	Gr.	J.D. 242...	Gr.	J.D. 242...	Gr.	J.D. 242...	Gr.	J.D. 242...	Gr.	J.D. 242...	Gr.
7626.50	$9^{\mathrm{m}}75$	7765.39	$9^{\mathrm{m}}83$	7985.44	$9^{\mathrm{m}}79$	8247.37	$9^{\mathrm{m}}85$	8571.47	$9^{\mathrm{m}}83$	9018.40	$9^{\mathrm{m}}94$
7628.44	9.80	7781.44	9.86	8023.39	9.71	8267.36	9.81	8601.39	9.83	9045.42	9.81
7658.44	9.88	7841.40	9.94	8037.36	9.83	8304.54	9.92	8623.51	9.83	9167.29	9.86
7685.41	9.56	7843.35	9.94	8055.35	9.77	8325.48	9.90	8637.47	9.83	9193.26	9.87
7689.50	9.65	7858.36	9.97	8069.34	9.88	8407.36	9.77	8656.37	9.88	9249.48	9.92
7694.32	9.83	7865.45	9.96	8081.59	9.94	8408.34	9.83	8769.36	9.85	9251.45	9.92
7709.29	9.85	7870.42	9.94	8097.50	9.77	8423.38	9.83	8806.56	9.86	9293.49	9.88
7715.33	9.90	7876.35	9.88	8122.44	9.83	8489.44	9.85	8817.54	9.86	9317.41	9.88
7717.28	9.92	7907.37	9.87	8140.44	9.67	8506.38	9.85	8840.56	9.85	9327.36	9.96
7724.26	9.91	7918.45	9.77	8180.48	9.85	8517.46	9.88	8854.56	9.83	9355.32	9.83
7728.51	9.93	7926.51	9.83	8183.42	9.75	8518.49	9.88	8929.46	9.83	9371.45	9.91
7739.23	9.88	7945.51	9.92	8190.38	9.88	8528.47	9.78	8949.46	9.91	9404.43	9.86
7745.52	9.92	7953.42	9.94	8205.34	9.88	8551.36	9.85	8979.43	9.94	9413.49	9.92

[167]) Mirowed. Bull. 5.

Die Helligkeit schwankt nur sehr wenig und zumeist langsam zwischen den Grenzen 9^m5 und 10^m0. In der Lichtkurve tritt nur am Anfang eine etwas lebhaftere Schwingung mit einer Amplitude von fast 0^m4 hervor. Die folgenden Wellen mit Längen von 100 bis 140 Tagen sind mit ihren Amplituden von 0^m1 bis 0^m25 wesentlich schwächer entwickelt. Zwischen J.D. 242 8400 und 8660 scheint der Lichtwechsel ganz zum Stillstand gekommen zu sein. Später sind wieder sehr langgestreckte und niedrige Wellen mit Amplituden von 0^m1 bis 0^m2 angedeutet, deren Längen mit 200 bis 280 Tagen aber doppelt so groß sind wie früher.

	Maxima		Minima			Maxima		Minima	
J.D. 242	7682	9^m53	7651	9^m90	J.D. 242	8266	9^m80	28221	9^m92
	7785	9.82	7722	9.92		—	—	332	9.93
	7907	9.73	7857	9.97		8400—8660 fast konstant			9.84
	8009	9.70	7955	9.94		8895	9.76	28797:	9.87
	8149	9.68	8081	9.95		9093:	9.75:	989	9.95
						9367	9.87	29257	9.92

Beobachtete Grenzen des visuellen Lichtwechsels: 9^m5 und 10^m0; mittlere visuelle Amplitude: 0^m2; Spektrum: unbekannt; galaktische Breite: $+62^0$; μ Cephei-Art (I, 23. F. a). Lichtkurve wie CO Cyg.

TZ Virginis

Der im Jahre 1919 von A. J. CANNON auf Harvard-Platten gefundene Lichtwechsel zwischen den photographischen Grenzen 10^m0 und 11^m1 wurde von A. CARPENTER und J. C. MACKIE[168]) bestätigt. S. BELJAWSKI[169]) fand auf 18 Platten aus den Jahren 1912—18 nur geringe photographische Helligkeitsänderungen zwischen 10^m3 und 10^m8. Eine längere visuelle Überwachung des Sterns wurde in den Jahren 1929—33 von F. LAUSE[170]) durchgeführt. Danach verlaufen die Lichtschwankungen unregelmäßig und oft ziemlich rasch zwischen den visuellen Helligkeitsgrenzen 8^m6 und 10^m5. Die hier erhaltenen 101 Beobachtungen erstrecken sich über den Zeitabschnitt 1929 März 1 bis 1939 Mai 20 und schließen somit die Epoche der LAUSEschen Überwachung ein.

Vergleichsterne

Bez.	BD-Nr.	photom. Gr.
TZ Vir	$+3^0$ 2593	var
a	$+4^0$ 2570	8^m38
b	$+3^0$ 2592	9.12
c	$+3^0$ 2597	9.56

Beobachtungen

J.D. 242...	Gr.	J.D. 242...	Gr.	J.D. 242...	Gr.	J.D. 242...	Gr.	J.D. 242...	Gr.	J.D. 242...	Gr.
5672.47	8^m75	5753.40	9^m07	6485.43	8^m78	7484.47	9^m07	7599.43	9^m34	8637.46	9^m23
5687.46	8.92	5754.40	9.07	7093.65	9.86	7506.46	9.00	7840.59	9.27	8655.35	9.02
5698.47	9.17	5758.43	8.92	7124.51	9.36	7512.43	9.24	7858.47	9.34	8677.44	9.02
5699.43	9.17	5762.41	9.00	7132.47	9.31	7530.44	9.56	7867.40	9.39	8854.72	9.23
5705.38	9.20	5768.43	8.95	7153.47	8.97	7531.49	9.56	7875.45	9.41	8926.53	9.12
5707.47	9.28	6026.50	9.00	7154.40	9.02	7533.41	9.49	7899.50	9.41	8949.45	9.04
5714.38	9.20	6066.44	9.29	7157.46	8.97	7535.40	9.43	7919.45	9.45	8979.46	8.92
5715.36	9.24	6110.38	9.25	7161.49	9.10	7543.44	9.56	7926.44	9.45	9015.37	8.96
5718.45	9.22	6112.46	9.15	7176.40	9.37	7546.34	9.50	7945.41	9.34	9020.39	9.01
5721.38	9.22	6119.42	9.00	7180.41	9.44	7555.37	9.56	8187.55	9.23	9038.42	9.60
5730.37	9.22	6126.41	8.87	7185.49	9.54	7562.42	9.45	8204.49	9.38	9322.47	8.94
5734.38	9.22	6127.41	8.92	7187.43	9.60	7567.43	9.36	8247.40	9.47	9325.42	8.93
5735.37	9.17	6429.43	8.95	7188.47	9.64	7569.43	9.38	8267.43	9.43	9332.43	8.97
5738.40	9.17	6456.37	8.68	7191.39	9.65	7572.38	9.38	8282.39	9.39	9344.39	8.94
5739.36	9.20	6467.43	8.72	7195.39	9.68	7575.38	9.36	8306.42	9.30	9364.46	8.92
5742.39	9.12	6475.41	8.79	7204.40	9.63	7578.42	9.30	8571.52	9.38	9404.44	9.17
5751.39	9.04	6478.46	8.79	7213.40	9.64	7588.41	9.38	8623.54	9.04		

Die Lichtkurve besteht aus einer Folge von kürzeren Jahresabschnitten, die sich zumeist über etwa 4 Monate erstrecken und nur teilweise durch eine hinreichende Anzahl von Beobachtungen gesichert sind, um die zuweilen ziemlich raschen Helligkeitsänderungen in allen Einzelheiten wiederzugeben. Der Haupt-Lichtwechsel verläuft in Wellen von sehr verschiedener Gestalt und Höhe zwischen den visuellen Grenzen 8^m6 und 9^m9. Dabei wechseln stark entwickelte Formen mit Amplituden bis zu 0^m9 in bunter Folge mit sehr schwachen oder stark gestörten Schwingungen, so daß häufig Doppel-

[168]) Astron. Nachr. **211**.369 (1920). — [169]) Astron. Nachr. **220**.79 (1923). — [170]) Beob.-Zirk. **12**—**14** u. Astron. Nachr. **250**.82 (1933).

Maxima oder mehrfache Minima entstehen. Zeitweilig kommt der Lichtwechsel über mehrere Wochen hinaus ganz zum Stillstand. In den durch zahlreiche Beobachtungen gut gesicherten Kurvenabschnitten sind rasch verlaufende sekundäre Wellen von sehr geringem Umfange (0^{m}10 bis 0^{m}15) angedeutet, die aber den fortschreitenden Charakter des Hauptlichtwechsels nicht stören. Die Abstände der Hauptphasen schwanken zwischen etwa 60 und weit über 100 Tagen und lassen keine Anzeichen von Gesetzmäßigkeiten erkennen.

Maxima		Minima		Maxima		Minima	
J.D. 242 5672:	8^{m}75	5711	9^{m}25	—	—	7924	9^{m}46
5765	8.94	6089:	9.6:	—	—	8232:	9.48
6130	8.88	—	—	J.D. 242 8605:	8^{m}9:	8640	9.23
6454	8.66	7091:	9.87	8667	8.9	—	—
7154	8.98	7200	9.68	8999:	8.8	—	—
7496	8.84	7549	9.56	9365:	8.92	—	—
				9320—9370 fast konstant			8.94

Beobachtete Grenzen des visuellen Lichtwechsels: 8^{m}6 und 9^{m}9; Spektrum: Ma; galaktische Breite: $+54^0$; μ Cephei-Art (I, 23. F, a). Lichtkurve wie CQ Cas.

230.1932 Virginis

Eine Bestätigung des Lichtwechsels dieses im Jahre 1932 von C. HOFFMEISTER[171]) auf Sonneberger Platten mit Helligkeitsschwankungen zwischen 10^{m}5 und 11^{m}5 entdeckten Veränderlichen ist bereits 1935 auf Grund der hier erhaltenen Beobachtungen in Beob.-Zirk. Astron. Nachr. 17.41 erfolgt. Insgesamt wurden zwischen 1935 Febr. 6 und 1939 Juni 5 70 Helligkeitsschätzungen erhalten.

Vergleichsterne

Bez.	BD-Nr.	photom. Gr.
230.1932 Vir	— 9° 3754	var
d	— 9° 3758	9^{m}72
a	— 9° 3751	10.30
b	— 9° 3756	10.65
c	— 9° 3752	10.97

Beobachtungen

J.D. 242...	Gr.	J.D. 242...	Gr.	J.D. 242...	Gr.	J.D. 242...	Gr.	J.D. 242...	Gr.	J.D. 242...	Gr.
7840.59	10^{m}40	7949.43	10^{m}10	8268.38	10^{m}35	8601.46	10^{m}81	8990.46	10^{m}46	9354.42	10^{m}73
7860.47	10.77	7951.43	10.25	8272.45	10.34	8603.50	10.65	8998.45	10.51	9364.46	10.80
7866.47	10.73	7960.43	10.42	8278.39	10.41	8623.49	10.90	9008.45	10.71	9371.40	10.72
7870.47	10.79	7963.43	10.42	8280.35	10.38	8626.41	10.90	9020.39	10.51	9379.45	10.86
7871.47	10.77	7970.43	10.47	8282.41	10.22	8635.55	10.87	9038.42	10.79	9387.40	10.91
7875.45	10.97:	8204.54	10.37	8291.39	10.42	8654.45	10.78	9045.44	10.77	9389.44	10.86
7899.51	10.65	8205.55	10.43	8300.38	10.40	8678.40	10.65	9308.58	10.47	9397.44	10.92
7919.44	10.10	8206.55	10.47	8305.47	10.25	8926.56	10.30	9322.51	10.30	9403.45	10.95
7926.43	10.09	8244.44	10.50	8306.43	10.38	8935.60	10.36	9333.57	10.30	9414.43	11.01
7928.43	10.09	8246.56	10.54	8325.43	10.18	8949.59	10.38	9334.61	10.20	9420.43	11.06
7931.41	10.07	8248.50	10.55	8571.52	10.38	8969.50	10.41	9340.55	10.15		
7945.41	10.05	8254.44	10.52	8578.53	10.42	8978.46	10.43	9342.54	10.25		

Infolge seiner südlichen Lage konnte der Stern alljährlich nur etwa 4 Monate hindurch überwacht werden. Die Lichtkurve besteht daher aus 5 weit getrennten, kürzeren Abschnitten, die aber doch ein recht zuverlässiges Bild der lebhaften und regellosen Helligkeitsschwankungen geben. Unregelmäßig geformte Wellen, Höcker und Zacken sind wahllos aneinandergereiht und bilden zahlreiche Maxima und Minima von sehr verschiedener Höhe. Die besonders kräftig entwickelten höchsten Maxima und tiefsten Minima liegen jedoch zumeist mehrere Monate auseinander und deuten damit einen langsamer verlaufenden primären Lichtwechsel mit einer Amplitude von etwa 1^{m}0 an. Die zahlreichen sekundären Änderungen vollziehen sich dagegen in Sprüngen, Ausbuchtungen oder Wellen der verschiedensten Längen mit Amplituden bis zu 0^{m}6. Aus der Fülle der entstehenden Maxima und Minima sind hier nur die Epochen für einige besonders kräftig entwickelte Phasen gegeben.

[171]) Astron. Nachr. **247**.283 (1932).

	Maxima		Minima	
J.D. 242	7934	$10^{\mathrm{m}}.03$	7877	$11^{\mathrm{m}}.10$
	8334:	10.14	8627	10.90
	9338	10.10	9427	11.08

230. 1932 Vir ist mit seinen raschen und regellosen Schwankungen ein unperiodischer Veränderlicher vom Typus BY Serpentis (I, 23. F, b); beobachtete Grenzen des visuellen Lichtwechsels: $10^{\mathrm{m}}.0$ und $11^{\mathrm{m}}.1$; Spektrum: unbekannt; galaktische Breite: $+50^{0}$. Lichtkurve wie TZ Cas.

BK Virginis

Der Lichtwechsel des im Jahre 1934 von C. Hoffmeister[172]) auf Sonneberger Platten entdeckten Veränderlichen ist bisher noch nicht durch weitere Beobachtungen bestätigt worden. In der Zeit 1935 Febr. 24 bis 1939 Juni 9 wurden hier die folgenden 50 Helligkeitsschätzungen vorgenommen.

Vergleichsterne

Bez.	BD-Nr.	photom. Gr.
BK Vir	$+5^{0}$ 2634	var
a	$+5^{0}$ 2635	$8^{\mathrm{m}}.10$
c	$+5^{0}$ 2630	8.38
b	$+5^{0}$ 2632	8.90

Beobachtungen

J.D. 242...	Gr.	J.D. 242...	Gr.	J.D. 242...	Gr.	J.D. 242...	Gr.	J.D. 242...	Gr.	J.D. 242...	Gr.
7858.47	$8^{\mathrm{m}}.56$	7916.43	$8^{\mathrm{m}}.50$	8244.45	$8^{\mathrm{m}}.58$	8637.45	$8^{\mathrm{m}}.05$	9038.41	$8^{\mathrm{m}}.56$	9379.44	$8^{\mathrm{m}}.62$
7860.47	8.40	7926.41	8.55	8247.41	8.55	8677.43	8.10	9289.53	8.57	9389.40	8.44
7866.47	8.40	7928.44	8.55	8268.38	8.26	8854.71	8.28	9322.44	8.69	9404.41	8.38
7870.46	8.45	7934.40	8.70	8306.43	8.26	8926.52	8.31	9325.42	8.60	9414.42	8.28
7871.46	8.48	7945.39	8.50	8325.43	8.28	8948.51	8.09	9332.41	8.62	9424.43	8.33
7875.45	8.46	7951.42	8.68	8571.50	8.30	8979.45	8.43	9341.38	8.66		
7899.50	8.29	7960.45	8.64	8578.50	8.10:	8998.43	8.50	9354.41	8.66		
7906.43	8.38	8187.55	8.58	8601.44	8.17	9008.43	8.44	9364.45	8.73		
7907.46	8.55	8204.51	8.61	8623.50	8.22	9020.39	8.49	9371.40	8.67		

Infolge der für unsere Breite ungünstigen Lage des Sterns konnten zusammenhängende Beobachtungsreihen nur in den Monaten Januar bis Mai gewonnen werden. Die für diese Abschnitte gezeichneten Lichtkurven lassen auf langsame Helligkeitsänderungen im Betrage von $0^{\mathrm{m}}.3$ bis $0^{\mathrm{m}}.5$ schließen, die in der Form von sehr ungleichartig aufgebauten Wellen von 70 bis 150 Tagen verlaufen. Geringe Schwankungen der mittleren Helligkeit in etwa 1200 Tagen sowie Störungen durch kurze sekundäre Buckel verunstalten stellenweise das Kurvenbild sehr erheblich.

	Maxima		Minima			Maxima		Minima	
J.D. 242	7899	$8^{\mathrm{m}}.35$	—	—	J.D. 242	8658	$7^{\mathrm{m}}.93$	8616	$8^{\mathrm{m}}.26$
	—	—	7961:	$8^{\mathrm{m}}.64$		8948	8.09	—	—
	8287	8.17	8224	8.65		—	—	9364	8.72
	8588	8.05	—	—					

Beobachtete Grenzen des visuellen Lichtwechsels: $7^{\mathrm{m}}.9$ und $8^{\mathrm{m}}.7$; Spektrum: Mc; galaktische Breite: $+67^{0}$; μ Cephei-Art (I, 23. F, a). Lichtkurve wie CQ Cas.

10.1935 Virginis

Über den Lichtwechsel des im Jahre 1934 von C. Hoffmeister[173]) auf Sonneberger Platten entdeckten Veränderlichen sind bislang keine anderweitigen Beobachtungen bekannt geworden. Die im folgenden wiedergegebenen 56 Helligkeitsschätzungen verteilen sich über den Zeitraum 1935 Febr. 24 bis 1939 Juni 9.

Vergleichsterne

Bez.	BD-Nr.	photom. Gr.
10.1935 Vir	$+8^{0}$ 2614	var
a	$+7^{0}$ 2552	$8^{\mathrm{m}}.89$
b	$+8^{0}$ 2613	9.80

[172]) Astron. Nachr. 255.401 (1935). — [173]) Astron. Nachr. 255.401 (1935).

Beobachtungen

J.D. 242...	Gr.	J.D. 242...	Gr.	J.D. 242...	Gr.	J.D. 242...	Gr.	J.D. 242...	Gr.	J.D. 242...	Gr.
7858.47	$9^{\text{m}}40$	7926.42	$9^{\text{m}}70$	8204.51	$9^{\text{m}}63$	8601.44	$9^{\text{m}}68$	9018.38	$9^{\text{m}}80$	9371.38	$9^{\text{m}}70$
7860.46	9.50	7928.44	9.65	8228.43	9.51	8623.49	9.66	9026.42	9.85	9379.44	9.70
7866.47	9.60	7934.40	9.61	8244.45	9.63	8637.45	9.69	9038.41	9.98	9389.40	9.68
7870.46	9.50	7945.40	9.67	8247.41	9.67	8677.42	9.61	9289.52	9.80	9404.41	9.72
7871.45	9.59	7951.41	9.68	8268.38	9.85	8854.70	9.65	9322.45	9.65	9414.42	9.85
7875.44	9.48	7960.42	9.68	8305.48	9.54	8923.53	9.54	9325.41	9.68	9424.42	9.80
7899.50	9.62	7970.45	9.65	8325.44	9.50	8948.52	9.80	9332.41	9.65		
7906.43	9.80	8180.52	9.59	8542.56	9.55	8979.45	9.64	9341.39	9.65		
7907.45	9.66	8183.51	9.68	8571.50	9.63	8998.43	9.61	9354.40	9.63		
7916.42	9.74	8187.54	9.54	8578.51	9.59	9008.42	9.69	9364.44	9.75		

Die Lichtkurve besteht aus fünf, den jährlichen Sichtbarkeitsperioden des südlich gelegenen Sterns entsprechenden Abschnitten von je rund 140 Tagen. Nach ihr schwankt die Helligkeit des Veränderlichen zumeist recht lebhaft mit einer Amplitude von etwa $0^{\text{m}}5$ zwischen den visuellen Grenzen $9^{\text{m}}4$ und $10^{\text{m}}1$. Zeitweilig treten jedoch auch Abschnitte mit sehr geringen Änderungen um die mittlere Helligkeit $9^{\text{m}}65$ auf. Im übrigen verläuft der Lichtwechsel unperiodisch in sehr verschieden geformten, teilweise recht glatten, zuweilen aber auch gestörten Wellen mit Längen von etwa 100 bis 200 Tagen.

	Maxima		Minima			Maxima		Minima	
J.D. 242	7866:	$9^{\text{m}}49$	7916	$9^{\text{m}}75$	J.D. 242	8991	$9^{\text{m}}58$	8623:	$9^{\text{m}}69$
	8218	9.48	8274	9.87		—	—	8954	9.81
	8317	9.43	—	—		9343	9.64	—	—

Beobachtete Grenzen des visuellen Lichtwechsels: $9^{\text{m}}4$ und $10^{\text{m}}1$; Spektrum: Mc; galaktische Breite: $+70^0$; μ Cephei-Art (I, 23. F, a). Lichtkurve wie AD Cyg.

11.1935 Virginis

Eine Bestätigung des im Jahre 1934 von C. HOFFMEISTER[174]) auf Sonneberger Platten entdeckten Lichtwechsels ist bislang nicht erfolgt. Die im folgenden mitgeteilten 56 Beobachtungen wurden hier zwischen 1935 Febr. 24 und 1939 Juni 9 erhalten.

Vergleichsterne

Bez.	BD-Nr.	photom. Gr.
11.1935 Vir	$+9^0$ 2645	var
a	$+9^0$ 2641	$10^{\text{m}}22$
b	$+10^0$ 2449	10.38
c	$+9^0$ 2644	10.45
d	$+9^0$ 2642	10.88

Beobachtungen

J.D. 242...	Gr.	J.D. 242...	Gr.	J.D. 242...	Gr.	J.D. 242...	Gr.	J.D. 242...	Gr.	J.D. 242...	Gr.
7858.48	$10^{\text{m}}35$	7926.42	$10^{\text{m}}40$	8204.51	$10^{\text{m}}53$	8601.44	$10^{\text{m}}49$	9018.38	$10^{\text{m}}74$	9371.39	$10^{\text{m}}66$
7860.46	10.31	7928.44	10.33	8228.43	10.50	8623.49	10.62	9026.43	10.74	9379.44	10.63
7866.47	10.48	7934.40	10.33	8244.45	10.62	8637.45	10.59	9038.41	10.72	9389.40	10.45
7870.46	10.49	7945.40	10.46	8247.41	10.56	8677.42	10.66	9289.53	10.74	9404.40	10.46
7871.46	10.45	7951.41	10.42	8268.38	10.69	8854.70	10.51	9322.45	10.46	9414.42	10.57
7875.45	10.44	7960.43	10.49	8305.48	10.60	8923.54	10.71	9325.41	10.53	9424.42	10.59
7899.50	10.46	7970.45	10.45	8325.44	10.56	8948.52	10.57	9332.41	10.47		
7906.43	10.70	8180.52	10.68	8542.56	10.46	8979.45	10.57	9341.39	10.58		
7907.45	10.66	8183.51	10.67	8571.50	10.59	8998.43	10.62	9354.40	10.66		
7916.42	10.64	8187.54	10.71	8578.51	10.57	9008.43	10.72	9364.44	10.72		

Die Lichtkurve verläuft in ziemlich glatten Wellen mit Längen von etwa 40 bis 110 Tagen und Amplituden von $0^{\text{m}}1$ bis $0^{\text{m}}45$ zwischen den visuellen Helligkeitsgrenzen $10^{\text{m}}25$ und $10^{\text{m}}75$. Auch die mittlere Helligkeit des Sterns scheint geringen Schwankungen von etwa $0^{\text{m}}2$ unterworfen zu sein. Eine Periodizität des Lichtwechsels ist nicht vorhanden.

[174]) Astron. Nachr. 255.401 (1935).

Maxima		Minima		Maxima		Minima	
J.D. 242 7888	10^{m}3:	7871	10^{m}47	J.D. 242 8600	10^{m}49	8570	10^{m}60
7935	10.28	7911	10.71	8965	10.51	8914:	10.74
—	—	7963	10.50	—	—	9023	10.75
8220	10.44	8184:	10.7	9329	10.46	9294	10.75
8321:	10.55	8275	10.70	9397	10.42	9365	10.73

Beobachtete Grenzen des visuellen Lichtwechsels: 10^{m}25 und 10^{m}75; mittlere visuelle Amplitude: 0^{m}3; Spektrum: unbekannt; galaktische Breite: + 72°; μ Cephei-Art (I, 23. F, a). Lichtkurve wie AD Cyg.

12.1935 Virginis

Von dem im Jahre 1934 von C. HOFFMEISTER[175]) auf Sonneberger Platten entdeckten Veränderlichen wurden hier zwischen 1935 Febr. 26 und 1939 Juni 9 die folgenden 62 Beobachtungen erhalten.

Vergleichsterne

Bez.	BD-Nr.	photom. Gr.
12.1935 Vir	+ 9° 2700	var
a	+ 8° 2665	7^{m}98
b	+ 9° 2705	8.38
c	+ 8° 2666	9.07

Beobachtungen

J.D. 242...	Gr.	J.D. 242...	Gr.	J.D. 242...	Gr.	J.D. 242...	Gr.	J.D. 242...	Gr.	J.D. 242...	Gr.
7860.46	8^{m}38	7928.43	8^{m}70	8228.43	8^{m}76	8578.52	8^{m}69	8979.45	8^{m}25	9325.40	8^{m}79
7866.46	8.36	7934.40	8.92	8244.45	8.65	8601.43	8.61	8998.43	8.53	9332.41	8.65
7870.46	8.51	7945.40	8.64	8247.41	8.61	8623.50	8.63	9008.42	8.55	9341.38	8.51
7871.45	8.26	7951.41	8.55	8268.37	8.61	8637.44	8.59	9018.38	8.55	9344.39	8.57
7875.44	8.48	7960.44	8.76	8273.35	8.68	8676.43	8.58	9026.42	8.63	9354.40	8.59
7899.50	8.44	7970.45	8.64	8291.40	8.74	8854.68	8.31	9038.41	8.67	9364.43	8.59
7906.38	8.38	8180.51	8.66	8305.48	8.70	8923.53	8.23	9289.52	8.57	9371.38	8.57
7907.46	8.27	8183.50	8.59	8325.43	8.55	8938.52	8.27	9293.51	8.39	9379.44	8.61
7916.42	8.29	8187.54	8.69	8542.56	8.56	8948.46	8.27	9315.43	8.69	9389.40	8.58
7926.42	8.59	8204.50	8.50	8571.49	8.67	8971.46	8.52	9322.44	8.84	9404.40	8.44
										9414.42	8.40
										9424.43	8.55

Die Beobachtungen verteilen sich infolge der beschränkten jährlichen Sichtbarkeitsperioden über 5 Abschnitte, die je etwa 140 Tage umfassen. Innerhalb der für diese Abschnitte gezeichneten Lichtkurven verlaufen die Helligkeitsänderungen in mittellangen, zumeist glatten und ganz regelmäßig geformten, seltener aber auch unregelmäßig aufgebauten Wellen von sehr verschiedener Höhe zwischen den visuellen Grenzen 8^{m}2 und 9^{m}0. Die Amplitude des Lichtwechsels schwankt zwischen 0^{m}1 und 0^{m}7, so daß die Hauptphasen stellenweise nur schwach angedeutet und schlecht bestimmbar sind. Obgleich die Abstände der aufeinanderfolgenden Maxima bzw. Minima mit 43 bis 69 Tagen durchschnittlich nur um $\pm$ 7^{d} vom Mittelwert 55^{d} abweichen, ist eine Periodizität nicht vorhanden.

Maxima		Minima		Maxima		Minima	
J.D. 242 7865	8^{m}35	—	—	J.D. 242 8658:	8^{m}45:	8629:	8^{m}7:
7912	8.25	7888:	8^{m}7:	8933:	8.19	—	—
7955:	8.5	7936	8.95	8983	8.20	8966	8.60
8201	8.48	—	—	—	—	9035:	8.68
8258	8.52	8230	8.76	9299	8.30	—	—
8326:	8.54	8293	8.76	9348	8.52	9323	8.82
8554:	8.5:	—	—	9412	8.40	9373	8.60
8610:	8.6:	8578	8.69				

Beobachtete Grenzen des visuellen Lichtwechsels: 8^{m}2 und 9^{m}0; Spektrum: Ma; galaktische Breite: + 70°; μ Cephei-Art (I, 23. F, a). Lichtkurve wie AD Cyg.

13.1935 Virginis

Die Überwachung des im Jahre 1934 von C. HOFFMEISTER[176]) auf Sonneberger Platten entdeckten Veränderlichen wurde sofort nach der brieflichen Mitteilung der Auffindung begonnen und

[175]) Astron. Nachr. **255**.401 (1935). — [176]) Astron. Nachr. **255**.401 (1935).

bis zum Jahre 1939 fortgeführt. Im folgenden sind die hier erhaltenen 68 Beobachtungen zwischen 1935 Febr. 26 und 1939 Juni 9 zusammengestellt.

Vergleichsterne

Bez.	BD-Nr.	photom. Gr.
13.1935 Vir	$+7^{0}$ 2608	var
c	$+7^{0}$ 2606	$8^{m}67$
a	$+7^{0}$ 2602	8.89
b	$+7^{0}$ 2609	9.62

Beobachtungen

J.D. 242...	Gr.	J.D. 242...	Gr.	J.D. 242...	Gr.	J.D. 242...	Gr.	J.D. 242...	Gr.	J.D. 242...	Gr.
7860.46	$9^{m}41$	7945.40	$9^{m}26$	8273.35	$9^{m}40$	8854.67	$9^{m}64$	9293.51	$8^{m}77$	9371.38	$9^{m}52$
7866.46	9.28	7951.41	9.14	8282.40	9.46	8923.53	9.09	9315.43	9.09	9379.44	9.47
7870.45	9.28	7960.43	8.99	8291.40	9.48	8938.52	9.33	9322.43	9.06	9387.40	9.39
7871.45	9.30	7970.45	9.03	8305.47	9.38	8948.46	9.24	9325.40	9.04	9389.40	9.32
7875.44	9.33	8180.51	9.26	8325.42	9.47	8971.46	9.19	9332.40	9.07	9397.43	9.31
7899.49	9.04	8183.50	9.26	8542.56	9.20	8979.44	9.18	9341.38	9.27	9404.41	9.32
7906.38	9.19	8187.54	9.22	8571.49	9.26	8998.43	9.07	9344.39	9.50	9414.41	9.25
7907.46	9.24	8204.50	9.09	8578.51	9.23	9008.42	9.25	9346.49	9.46	9424.43	9.21
7916.42	9.07	8228.42	8.99	8601.43	9.20	9018.38	9.07	9354.39	9.46		
7926.42	9.40	8244.44	9.06	8623.49	9.02	9026.42	8.99	9361.34	9.47		
7928.43	9.33	8247.41	9.04	8637.44	9.14	9038.41	8.90	9364.44	9.45		
7934.40	9.31	8268.37	9.44	8676.43	9.32	9289.52	8.67	9366.41	9.47		

Der Veränderliche konnte in jedem Jahre etwa 140 Tage hindurch in den Monaten Januar bis Juni beobachtet werden. Die für diese Zeitabschnitte festgelegten Lichtkurven zeigen recht lebhafte, regellose Schwankungen zwischen den visuellen Helligkeitsgrenzen $8^{m}6$ und $9^{m}6$. Im allgemeinen sind Grundschwingungen mit Amplituden von $0^{m}3$ bis $1^{m}0$ und Längen von 70 bis 150 Tagen oder mehr zu erkennen, die von zahlreichen kürzeren sekundären Wellen mit Amplituden von $0^{m}1$ bis $0^{m}3$ und Längen von 25 bis 35 Tagen derartig überlagert sind, daß eine Trennung der entstehenden Maxima und Minima in Haupt- und Nebenphasen nicht möglich ist. Da die kürzeren, rund 30tägigen Wellen keine Abhängigkeit von den Mondphasen zeigen, dürften sie als reell zu betrachten sein. Besonders unregelmäßig und eigenartig verläuft der Lichtwechsel im letzten vorliegenden Beobachtungsabschnitt J.D. 242 9289—9424.

Maxima		Minima		Maxima		Minima	
J.D. 242 7893	$9^{m}00$	7863:	$9^{m}36$:	J.D. 242 8992:	$9^{m}02$:	8974:	$9^{m}2$:
7965	8.98	7929	9.37	9034:	8.9	9009	9.24
8230	8.96	—	—	9328	9.04	9316	9.10
8310	9.36	8285	9.48	9361	9.44	9350	9.50
8623	9.03	8571	9.26	9398	9.30	9373	9.53
8956:	9.1:	8939	9.33	—	—	9405	9.33

Beobachtete Grenzen des visuellen Lichtwechsels: $8^{m}6$ und $9^{m}6$; Spektrum: unbekannt; galaktische Breite: $+69^{0}$; μ Cephei-Art (I, 23. F, a). Lichtkurve wie SY Cam.

30.1935 Virginis

Eine Bestätigung des im Jahre 1934 von C. HOFFMEISTER[177]) auf Sonneberger Platten entdeckten Lichtwechsels ist bisher noch nicht erfolgt. In der Zeit 1935 Febr. 24 bis 1939 Juni 9 wurden hier die folgenden 46 Beobachtungen des Veränderlichen erhalten.

Vergleichsterne

Bez.	BD-Nr.	photom. Gr.
30.1935 Vir	$+7^{0}$ 2772	var
a	$+6^{0}$ 2867	$9^{m}07$
b	$+7^{0}$ 2768	9.61
c	$+7^{0}$ 2773	10.16

177) Astron. Nachr. **255**.403 (1935).

Beobachtungen

J.D. 242...	Gr.	J.D. 242...	Gr.	J.D. 242...	Gr.	J.D. 242...	Gr.	J.D. 242...	Gr.	J.D. 242...	Gr.
7858.48	$9^m.37$	7907.45	$9^m.41$	7985.46	$9^m.34$	8601.44	$9^m.67$	9020.41	$9^m.41$	9371.39	$9^m.76$
7860.45	9.43	7918.48	9.52	8187.57	9.61	8623.50	9.99	9038.42	9.50	9379.44	9.67
7866.46	9.51	7926.42	9.43	8204.53	9.61	8637.46	9.93	9322.45	9.64	9389.43	9.57
7870.45	9.39	7928.45	9.44	8247.42	9.36	8677.43	9.47	9332.43	9.50	9404.42	9.69
7871.47	9.45	7934.39	9.52	8268.37	9.25	8949.59	9.35	9341.39	9.68	9417.41	9.79
7875.44	9.34	7945.40	9.61	8305.48	9.38	8979.44	9.25	9346.48	9.78	9424.43	9.83
7899.49	9.40	7951.42	9.55	8325.45	9.49	8998.42	9.29	9354.41	9.89		
7906.42	9.39	7962.41	9.50	8571.53	9.73	9008.44	9.28	9364.44	9.85		

Soweit die Beobachtungen abschnittsweise die Darstellung einer Lichtkurve erlauben, verläuft diese in glatten und recht regelmäßig geformten Wellen von sehr verschiedener Länge und Höhe zwischen den visuellen Grenzen $9^m.2$ und $10^m.0$. Nur stellenweise sind schwache und rasch verlaufende sekundäre Schwankungen angedeutet. Wahrscheinlich ändert sich auch die mittlere Helligkeit des Sterns in etwa 950 Tagen um etwa $0^m.4$.

	Maxima		Minima			Maxima		Minima	
J.D. 242	7885	$9^m.34$	—	—	J.D. 242	8678	$9^m.46$	8629	$10^m.00$
	—	—	7947	$9^m.56$		8988	9.24	—	—
	8275	9.24	8197	9.62		9332	9.49	—	—
	8587	9.56	—	—		9392	9.56	9358	9.91

Irgendwelche Gesetzmäßigkeiten in der Aufeinanderfolge der Hauptphasen, deren Abstände zwischen etwa 60 und 130 Tagen liegen, sind nicht nachzuweisen. Der Veränderliche gehört zu den Unperiodischen vom Typus μ Cephei (I, 23. F, a); beobachtete Grenzen des visuellen Lichtwechsels: $9^m.2$ und $10^m.0$; Spektrum: K; galaktische Breite: $+59^0$; Lichtkurve wie CQ Cas.

AV Vulpeculae

Der Lichtwechsel des im Jahre 1926 von E. F. Ross[178]) entdeckten Veränderlichen ist von G. Lange und W. Zessewitsch[179]) bestätigt worden. Nach S. Böhme[180]) sind auf 106 Bamberger Ernostarplatten aus den Jahren 1929—35 Helligkeitsschwankungen zwischen $11^m.2$ und $12^m.2$ (photogr.) nachzuweisen, die zuweilen in Abständen von 14 Tagen schärfere Minima bilden. Die im folgenden mitgeteilten 60 Beobachtungen erstrecken sich über den Zeitraum 1934 Juni 2 bis 1939 Sept. 12.

Vergleichsterne

Bez.	Ort 1855.0	photom. Gr.
AV Vul	20h 19m 51s + 25° 46ʹ.0	var
a	20 19 52 + 25 50.8	$9^m.70$
b	20 20 42 + 25 37.6	10.04

Beobachtungen

J.D. 242...	Gr.	J.D. 242...	Gr.	J.D. 242...	Gr.	J.D. 242...	Gr.	J.D. 242...	Gr.	J.D. 242...	Gr.
7591.52	$9^m.95$	7963.49	$9^m.90$	8325.51	$9^m.93$	8506.28	$9^m.98$	8801.37	$9^m.70$	9192.37	$9^m.92$
7601.45	9.96	8023.46	9.91	8390.42	9.82	8518.27	9.94	8817.44	9.73	9230.25	9.98
7628.51	9.90	8069.42	9.94	8395.54	9.85	8526.25	9.98	8854.24	10.20	9249.30	10.08
7664.49	9.90	8083.40	9.94	8409.39	9.85	8622.58	10.01	8998.52	9.71	9261.24	10.12
7687.49	9.96	8111.38	9.93	8420.42	9.94	8654.48	9.84	9017.54	9.70	9363.52	9.65
7691.42	10.11	8182.25	10.19	8424.48	9.98	8677.46	10.00	9038.48	9.65	9372.58	9.58
7709.50	9.95	8249.60	9.84	8429.45	10.01	8694.45	9.99	9045.54	9.71	9400.43	9.69
7728.42	9.93	8271.52	9.87	8440.48	9.94	8751.54	9.65	9054.52	9.71	9412.54	9.96
7740.39	9.95	8272.53	9.87	8450.41	9.98	8768.45	9.55	9167.44	9.98	9424.50	10.14
7949.49	9.70	8306.46	9.76	8474.42	9.60	8778.37	9.70	9175.31	9.99	9519.45	10.02

Der stark gefärbte Stern war trotz günstig gelegener Vergleichsterne etwas schwierig zu schätzen. Seine Helligkeit änderte sich in träge verlaufenden, zumeist nur geringfügigen und unregelmäßigen Schwankungen bis zu etwa $0^m.6$ zwischen den Grenzen $9^m.5$ und $10^m.2$. Im Auf- und Abstieg traten häufig ausgedehnte Stufen auf, die zuweilen in der mittleren Helligkeit $9^m.95$ zu einem monatelangen Stillstand des Lichtwechsels führten (z. B. J.D. 242 7590—7665 und 242 7960—8120). Einige langgestreckte Maxima wurden durch schwache Einsenkungen in Doppelphasen aufgespalten. Die

[178]) Astron. Journ. **36**.123 (1926). — [179]) Astron. Nachr. **247**.150. — [180]) Astron. Nachr. **261**.440 (1937).

von S. Böhme zeitweilig wahrgenommenen 14tägigen Wellen mit besonders hervortretenden Minima konnten visuell nicht festgestellt werden. Eine Gesetzmäßigkeit in der Aufeinanderfolge der etwa 115 bis 180 Tage auseinanderliegenden Hauptphasen ist nicht vorhanden.

Maxima		Minima		Maxima		Minima	
J.D. 242 8235	$9^{\mathrm{m}}.78$ Doppel-	8179	$10^{\mathrm{m}}.20$	—	—	8858	$10^{\mathrm{m}}.21$
8302	9.74 Max.			J.D. 242 9031	$9^{\mathrm{m}}.65$	—	—
8395	9.81	8346	10.03	9208	9.90	—	—
8651	9.83	—	—	9380	9.56	9299:	10.2
8764	9.52	8695	10.03				

Beobachtete Grenzen des visuellen Lichtwechsels: $9^{\mathrm{m}}.5$ und $10^{\mathrm{m}}.2$; Spektrum: unbekannt; Farbenindex etwa $+2^{\mathrm{m}}.0$; galaktische Breite: — 8^0; μ Cephei-Art (I, 23. F, a). Lichtkurve wie TZ Cas.

Zusammenfassung der Beobachtungsergebnisse

Die von H. Schneller[181]) im Jahre 1943 vorgeschlagene Einteilung der Unperiodischen nach ihrer Färbung in rote, gelbe und weiße Sterne entspricht im wesentlichen den Merkmalen ihres Lichtwechsels. Sie wurde deshalb schon in einer früheren Veröffentlichung von Beobachtungen unperiodischer Veränderlicher von mir zugrunde gelegt[182]).

Bei den weißen Unperiodischen (I, 21.) handelt es sich größtenteils um Sterne, deren Spektra Emissionslinien des Wasserstoffs oder anderer Elemente aufweisen und denjenigen der Novae ähneln. Der Lichtwechsel verläuft dementsprechend in der Weise, daß ein wenig veränderliches Normallicht in mehr oder weniger großen Abständen durch kurze Lichtausbrüche von sehr erheblichem Ausmaß (bis zu 6 Größenklassen) unterbrochen wird. In diese Gruppe gehören außer den Nova-ähnlichen (I, 21. J: Z And, CI Cyg, AX Per u. a.) auch die U Geminorum-Sterne (I, 21. K) mit den ihnen zugehörigen Untergruppen der CN Orionis- und Z Camelopardalis-Art. Eine weitere Gruppe umfaßt die Veränderlichen der γ Cassiopeiae- und X Persei-Art (I, 21. L), deren Helligkeitsänderungen wesentlich langsamer und mit zumeist kleinen Amplituden erfolgen. Sowohl bei den Nova-ähnlichen als auch bei den U Geminorum-Sternen scheinen nach Untersuchungen von B. Kukarkin, P. Parenago[183]) und K. Himpel[184]) gewisse Zusammenhänge zwischen den jeweiligen Amplituden und Zwischenzeiten der Lichtausbrüche zu bestehen.

Die gelben Unperiodischen (I, 22.) setzen sich im wesentlichen aus den R Coronae Borealis-Sternen (I, 22. H) und den RW Aurigae-Veränderlichen (I, 22. G) zusammen, wobei jedoch auch Abweichungen in Spektrum und Färbung nach weiß und rot vorkommen. Der völlig unregelmäßige Verlauf der Helligkeitsänderungen, die sich bei den RW Aurigae-Sternen oft innerhalb von wenigen Stunden vollziehen, insbesondere aber das Fehlen von wellenförmigen Schwankungen sowie die Art der spektralen Änderungen legen die Vermutung nahe, daß die Zustandsänderungen dieser Sterne nicht aus ihrem Innern, sondern von außen her ausgelöst werden. Tatsächlich stehen die meisten dieser Sterne in oder am Rande von Gebieten, in denen eine verminderte Sternzahl auf das Vorhandensein von kosmischen Dunkelwolken schließen läßt. Möglicherweise werden die Änderungen der Helligkeit und des Spektrums dieser Sterne durch Einwirkungen von kosmischer Materie auf die Sternatmosphären verursacht (vgl. H. Ludendorff: Hdb. d. Astrophys. VI, 2.82). Diese Annahme dürfte auch das Vorkommen von verschiedenen Spektraltypen innerhalb dieser Veränderlichengruppe erklären.

Den bei weitem überwiegenden Anteil der Unperiodischen stellen die roten Sterne der Spektralklassen K, M, N und S. Nach ihren Lichtkurven unterscheidet H. Schneller nur zwei Arten von roten Unperiodischen (I, 23.), die μ Cephei-Sterne (I, 23. F, a) und die BY Serpentis-Veränderlichen (I, 23. F, b). Für diese beiden Arten sind in MVS 94 die folgenden Merkmale gegeben:

„I, 23. F, a. μ Cephei-Art: Der Charakter des Lichtwechsels wird durch unperiodische Wellen mit veränderlicher Amplitude und wechselnder Kurvenform bestimmt. Es können sowohl raschere Helligkeitsänderungen wie auch Stillstände vorkommen. In einzelnen Fällen treten auch längere Folgen von Wellen ähnlicher Länge auf.

I, 23. F, b. BY Serpentis-Art: Der Lichtwechsel verläuft völlig regellos. Es treten rasche oder langsame Helligkeitsänderungen ohne ausgeprägten Wellencharakter auf; es sind auch vereinzelte Zacken und Stillstände mit stufenförmigen Änderungen möglich."

[181]) MVS 94—97 (1943). — [182]) Astron. Nachr. **263**.33—88 (1936). — [183]) NNVS **4**.252 (1934). — [184]) Zeitschr. f. Naturforschung **1**.414 (1946).

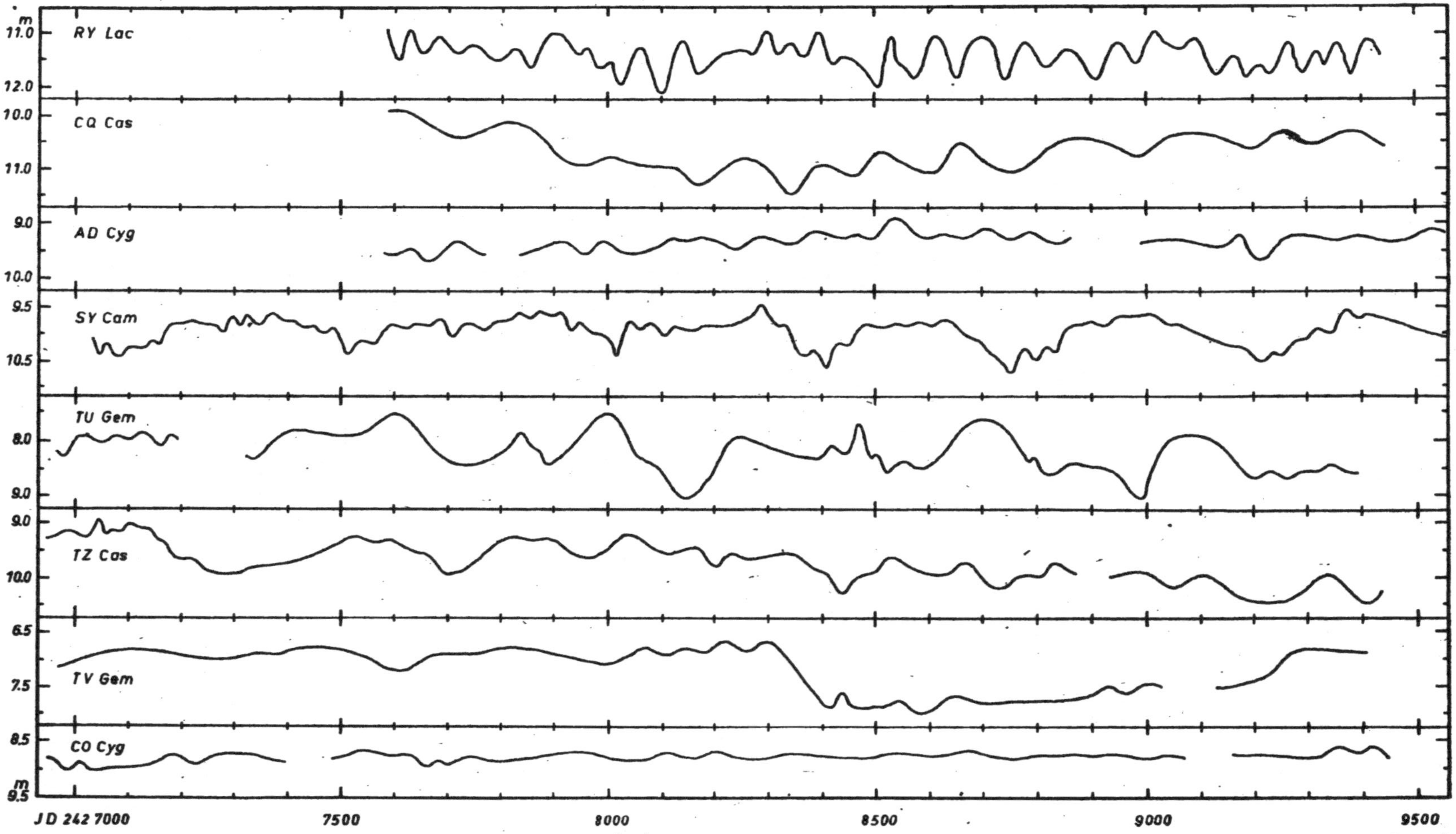

Abb. 1. Typische Lichtkurven von roten unperiodischen Veränderlichen.

Erläuterungen zur Tafel „Lichtkurven von unperiodischen Veränderlichen" (S. 68)

RY Lac:	glatte Wellen, mäßige Amplituden (> $0^{m}5$), zeitweilig zyklisch verlaufend, Maxima ziemlich gleichhell.	μ Cephei-Art
CQ Cas:	glatte und zeitweilig zyklisch verlaufende Wellen; erhebliche Schwankungen der mittleren Helligkeit.	
AD Cyg:	glatte Wellen, kleine Amplituden (< $0^{m}5$), zuweilen zyklischer Verlauf, geringe Schwankungen der mittleren Helligkeit.	
SY Cam:	krause, durch kurze sekundäre Schwankungen gestörte Hauptwellen mit vorwiegend zyklischem Verlauf.	
TU Gem:	stark gestörte Wellen mit Höckern und Zacken; Zyklen sind noch angedeutet.	
TZ Cas:	stark gestörte Wellen und Stufen; keine Zyklen.	BY Serpentis-Art
TV Gem:	lebhafter, aber völlig regelloser Verlauf der Lichtkurve mit Stufen, Sprüngen und Zacken.	
CO Cyg:	sehr geringer und anscheinend völlig regelloser Lichtwechsel.	

Während μ Cephei als vielbeobachteter Stern seit langem zu einem feststehenden Begriff geworden ist, dürfte BY Serpentis nur wenig bekannt sein. Dieser im Jahre 1936 mit photographischen Helligkeitsschwankungen zwischen $13^{m}3$ und $14^{m}7$ entdeckte Veränderliche wurde 1938—41 im Rahmen der Sonneberger Untersuchungen von Milchstraßenfeldern[185]) beobachtet. Über seinen Lichtwechsel ist außer der vorstehenden Charakteristik nichts Näheres veröffentlicht worden. Der Unterschied in den Lichtkurven der beiden Arten dürfte aber im wesentlichen in dem Vorhandensein oder Fehlen von wellenförmigen Schwankungen zu sehen sein. Auf der in Abb. 1 gegebenen Tafel der „Lichtkurven von unperiodischen Veränderlichen" ist eine Auswahl von hier erhaltenen Lichtkurven zusammengestellt, die den allmählichen Übergang der wellenförmig verlaufenden Kurven der zyklisch veränderlichen μ Cephei-Sterne zu den regellosen Helligkeitssprüngen der BY Serpentis-Veränderlichen zeigen soll. Man sieht, daß eine scharfe Trennung der beiden Arten voneinander nicht möglich ist und daß Übergangsformen bestehen, die den gleichen Stern zeitweilig in die eine oder andere Gruppe einweisen. Wenn im folgenden im Anschluß an die Tafel der Lichtkurven eine noch weitere Differenzierung des Lichtwechsels der roten Veränderlichen vorgenommen ist, so soll damit keineswegs eine übertriebene Erweiterung des sehr brauchbaren Schnellerschen Klassifikations-Schemas gebracht werden. Die Herausstellung der einzelnen Typen geschieht in diesem Falle nur, um möglichst ähnliche Beispiele für die Beschreibung des Verlaufs der Lichtkurven der hier beobachteten Sterne zur Hand zu haben.

Die Amplituden aller roten Unperiodischen sind verhältnismäßig klein und liegen durchweg zwischen $0^{m}5$ und $1^{m}0$. Sie nehmen in Richtung der früheren Spektralklassen ab und übersteigen bei den unperiodischen K-Sternen kaum $0^{m}5$. Mit dieser Schrumpfung der Amplitude scheint die gewaltige Abnahme des Vorkommens von physisch bedingten Helligkeitsänderungen bei Sternen der früheren Spektralklassen eng verknüpft zu sein, so daß die gelben Veränderlichen nur noch einen verschwindenden Bruchteil der Gesamtzahl bilden.

Um einen Anhalt für die Häufigkeit des Vorkommens von Sternen mit veränderlichen Zustandsgrößen innerhalb der einzelnen Spektralklassen zu gewinnen, ist es erforderlich, die Verteilung der Spektra in der Gesamtheit aller Sterne bis zur Helligkeitsgrenze des Schnellerschen Verzeichnisses in Kat. u. Eph. Veränd. Sterne[186]) zugrunde zu legen. Nimmt man diese Grenzgröße zu etwa $13^{m}5$ an, so kann die Verteilung der Spektralklassen nach den in der Bergedorfer Spektraldurchmusterung Bd. I—III gegebenen Abzählungen von 67 Kapteynschen Eichfeldern berechnet werden, die bis zur Helligkeitsgrenze $14^{m}0$ reichen und sämtliche galaktische Breiten umfassen. Die auf diese Weise erhaltenen Prozentzahlen der spektralen Häufigkeit innerhalb aller Sterne bis zur Helligkeit $13^{m}5$ sind in der 3. Spalte der folgenden Tabelle aufgeführt. Aus den Spalten 2 und 3 ergeben sich die Verhältniszahlen (Spalte 4) für die Häufigkeit einer physischen Veränderlichkeit innerhalb einer gleichgroßen Anzahl von Sternen des angegebenen Spektraltyps. Eine Abzählung sämtlicher in Kat. u. Eph. Veränd. Sterne für 1943 mit Spektren der Klassen G bis M, einschließlich der Typen N, C, S und R aufgeführten physischen Veränderlichen ergibt unter Einschluß aller Periodischen (δ Cephei-, RV Tauri-, Mira-Sterne u. a.) das folgende Bild:

[185]) Kl. Veröff. Univ. Sternw. Berlin-Babelsberg Nr. 28 (1943). — [186]) Kl. Veröff. Univ. Sternw. Berlin-Babelsberg Nr. 26 (1942).

Spektrum	Zahl der Veränder-lichen	Häufigkeit der Spektra in der Gesamtheit aller Sterne bis $13^m_.5$ %	Häufigkeit der phys. Veränderl. innerhalb der gleichen Sternzahl
G 0—4	87	31.6	1
G 5—9	49	17.5	1
K 0—4	67	7.7	3
K 5—9	28	2.1	5
M a—c	803	0.61	480
N, C, S, R	196	0.039	1800

Wenn diese Darstellung auch durch verschiedene Auswahleffekte, wie sie sich aus einer ungleichen Entdeckungswahrscheinlichkeit sowie aus einer Bevorzugung der hellen Sterne in den Spektralangaben des SCHNELLERschen Katalogs ergeben, gegenüber der Wirklichkeit stark entstellt sein kann, so zeigt sie doch größenordnungsmäßig die gewaltige Neigung der M- und insbesondere der N-Sterne zu Helligkeitsänderungen. Soweit diese auf Temperatur-Schwankungen zurückzuführen sind, dürfte allerdings die verschiedene Empfindlichkeit der jeweiligen Spektralgruppen eine entscheidende Rolle spielen. So werden geringe Temperatur-Schwankungen von wenigen hundert Grad bei den G- und K-Sternen nur sehr geringe Helligkeitsänderungen, dagegen bei den kühleren M- und N-Sternen, insbesondere infolge des Auftretens von Absorptionsbanden, einen ganz erheblichen Lichtwechsel hervorrufen.

Bemerkenswert ist das auch bei den roten Veränderlichen vorhandene Nebeneinander von periodischen und unperiodischen Helligkeitsänderungen. Diese beiden Gruppen sind in keiner Weise gegeneinander abgegrenzt, und es bestehen auch hier, wie bei allen Gruppen der physischen Veränderlichen, fließende Übergänge. Gelegentlich von statistischen Untersuchungen der Mira-Veränderlichen konnte H. LUDENDORFF[187]) eine Reihe von beachtenswerten Korrelationen nachweisen, die auch für die Beurteilung des Lichtwechsels der roten Unperiodischen von Bedeutung sind. Hinsichtlich der Feststellung verwandtschaftlicher Beziehungen geben uns die gefundene Abhängigkeit der Amplitude von der Periodenlänge sowie insbesondere der Nachweis einer erheblichen Zunahme der Unregelmäßigkeiten mit abnehmender Amplitude einige wichtige Fingerzeige. Mit abnehmenden Amplituden gleiten die Mira-Sterne mit einer Verkürzung ihrer mittleren Perioden fließend in die Gruppe der X Monocerotis-Veränderlichen (Amplituden $0^m_.5$ bis $1^m_.5$) und schließlich in die „Langperiodischen mit kleinen Amplituden" (Amplituden $0^m_.5$ bis $1^m_.5$) über, deren Lichtkurven sich kaum noch von denjenigen der μ Cephei-Sterne unterscheiden. Die mittleren Längen der Zwischenzeiten und Zyklen der Unperiodischen stimmen mit rund 95 Tagen auffallend gut mit den kürzesten Perioden der Langperiodischen überein. Wahrscheinlich spiegelt sich in der Bevorzugung bestimmter Zwischenzeiten, wie sie bei vielen Unperiodischen zu finden ist, eine periodische Grundschwingung wieder, die infolge ihrer kleinen Amplitude von den bei allen roten Veränderlichen in ähnlicher Weise auftretenden Unregelmäßigkeiten überdeckt und bis zur Unkenntlichkeit entstellt ist.

Eine Untersuchung der Lichtkurven der Unperiodischen läßt es höchst fraglich erscheinen, ob man die Unregelmäßigkeiten als Interferenzen mehrerer periodischer Vorgänge deuten darf. Die von FR. PALMÉR[188]) und P. PARENAGO[189]) gefundenen Korrelationen zwischen den mittleren Perioden der kurzen Wellen und den langsamen Schwankungen der mittleren Helligkeit beziehen sich vorwiegend auf periodische oder halbperiodische Veränderliche und schließen nur wenige Unperiodische wie μ Cephei, α Orionis und einige andere ein. In all diesen Fällen nimmt FR. PALMÉR das Bestehen von mehreren periodischen Wellen an, die sich überlagern und neben Unregelmäßigkeiten in den Einzelwellen auch langperiodische Schwankungen und Schwebungen erzeugen. Bei den klassischen RV Tauri-Sternen, deren Grundwellen einen klaren δ Cephei-artigen Aufbau zeigen, dürfte das typische Kurvenbild auf diese Weise zwanglos darzustellen sein. Darüber hinaus würden auch das Auftreten von langsamen Schwankungen der mittleren Helligkeit sowie die Abhängigkeit der Amplituden von der mittleren Helligkeit ihre Deutung finden. Völlig ungeklärt bliebe aber das wahllose Auftreten der Vertauschungen von Haupt- und Nebenphasen sowie die bei einigen Sternen (z. B. DF Cyg) ganz ungewöhnlich große Amplitude der Schwankungen der mittleren Helligkeit, die nicht durch eine Interferenz der den

[187]) Hdb. der Astrophys. Bd. VI, 2.112 (1928). — [188]) Lund. Meddel. Ser. II, Nr. 103.28 (1939). — [189]) NNVS V. 149 (1936).

RV Tauri-Lichtwechsel erzeugenden Wellen mit wesentlich kleineren Amplituden hervorgerufen werden können. Man müßte für derartige Abweichungen immer neue zusätzliche Wellen annehmen. Um endlich die verworrenen Lichtkurven der Unperiodischen zu erzeugen, in denen nicht nur die Zyklen der kurzen Wellen, sondern auch die Schwankungen der mittleren Helligkeit ganz verschiedene Formen und Längen annehmen, wären viele periodische Wellenzüge oder bereits unregelmäßig aufgebaute Grundwellen zu überlagern. Die erste Annahme erscheint reichlich gekünstelt, die zweite wäre sinnlos. Es ist somit wahrscheinlicher, daß hier wirklich völlig regellos wirkende Störungen am Werke sind. Wenn der Lichtwechsel der roten Unperiodischen im Gegensatz zu dem eigenartigen Flackern der RW Aurigae-Sterne wesentlich langsamer und zumeist in Wellen erfolgt, deren Längen zwischen weit auseinanderliegenden, aber doch bestimmten Grenzen bleiben, so weist diese Erscheinung jedenfalls auf rhythmisch erfolgende Impulse hin, deren Auswirkungen auf die Helligkeit durch Störungen zufälliger Art stark verwischt worden sind. Ähnliche Erscheinungen, wenn auch anderer Art, beobachten wir im Sonnenflecken-Zyklus oder in der Periodizität gewisser vulkanischer Eruptionen. In unserem Falle dürfte vielleicht die von W. GYLLENBERG[190]) für die Gesamtheit aller Mira-Sterne gefundene und bereits erwähnte Abhängigkeit der Periodenlängen von den Amplituden von Bedeutung sein, zumal da nach Untersuchungen von P. AHNERT[191]) diese Gesetzmäßigkeit sich sogar bei den einzelnen Mira-Sternen in einer Verfrühung bzw. Verspätung besonders hoher oder tiefer Maxima zu erkennen gibt. Auf ähnliche Erscheinungen in der Folge der Sonnenflecken-Maxima ist neuerdings von J. HELLERICH[192]) hingewiesen worden. In Übereinstimmung damit zeigen auch die bei den Unperiodischen zeitweilig auftretenden glatten Wellen gleicher Höhe gewöhnlich auch gleiche Längen.

Die Schwankungen der mittleren Helligkeit verlaufen zumeist äußerst langsam und innerhalb so enger Grenzen, daß nur sehr lange Beobachtungsreihen nähere Aufschlüsse darüber liefern können. Einige sicher bestimmbare Wellen zeigen aber deutlich, daß ihre Längen in ähnlicher Weise um $\pm$ 50% streuen wie die kurzen Schwankungen. Von einer Periodizität kann somit auch bei ihnen nicht die Rede sein.

Beobachtungsergebnisse für 98 hier untersuchte Unperiodische

Stern	kurze Zyklen		Schwankungen der mittleren Helligkeit		Z_2/Z_1	Spektrum	gal. Breite	Art der Lichtkurve	Literatur
	Amplituden	Längen Z_1	Amplituden	Längen Z_2					
UY And	$0^{m}3$—$0^{m}6$	70^{d}—140^{d}	$0^{m}3$	700^{d}—1100^{d}	9	N3	−18°	AD Cyg	S. 5
BL Aqr	1.0	80—125	$0^{m}3$—$0^{m}6$	480—700	6	—	−33	RY Lac	S. 6
TZ Aql	0.6	33—140	—	?	—	M6	−25	AD Cyg	S. 7
UW Aql	0.1—0.6	∾ 164	—	—	—	Mo	− 2	μ Cep	AN **263**.33 (1937)
MN Aql	0.1—0.7	85—115	0.5	∾ 4000?	40	rot	− 7	CQ Cas	S. 8
MS Aql	0.5	80—250	—	—	—	rot	− 7	CO Cyg	S. 9
NV Aql	0.1—1.2	∾ 106.5	0.5	∾ 900?	8	rot	− 7	CQ Cas	S. 9
705.1933 Aql	0.1—0.7	35—55	0.1:	∾ 750?	17	—	− 6	AD Cyg	S. 10
RW Aur	—	keine Wellen	—	—	—	gelb	− 5	RW Aur	Erg.-H. **8**. C 71 (1930)
SU Aur	—	keine Wellen	—	—	—	G2	− 6	RW Aur	S. 11
SV Aur	0.1—0.2	100—200?	—	—	—	K?	+13	μ Cep?	AN **263**.34 (1937)
TU Aur	0.4—0.9	110—370	—	—	—	Mb	+18	μ Cep	Erg.-H. **8**. C 69 (1930)
TW Aur	0.1—0.8	120—180	—	—	—	Mc	+12	μ Cep	AN **263**.36 (1937)
UX Aur	0.3—0.5	∾ 70—100	—	—	—	M2	+ 8	μ Cep	AN **263**.38 (1937)
UY Aur	—	keine Wellen	—	—	—	Goe	− 7	RW Aur	AN **263**.56 (1937)
UZ Aur	0.3	43 u. 74	0.2	400—700	9	Ma	+ 2	AD Cyg	S. 12
AB Aur	—	keine Wellen	—	—	—	AOep	− 7	R CrB	Erg.-H. **8**. C 73 u. AN **263**.75 (1937)
AF Aur	0.2—0.3	50— 90	0.2—0.4	200—500	5	Npec	+10	μ Cep	AN **263**.38 (1937)
RX Boo	0.3	55—165	0.3?	sehr lang!	—	M8	+68	CO Cyg	S. 13
UV Boo	—	—	—	—	—	F5	+68	Y Lep?	S. 14
24.1935 Boo	0.0—0.7	70	—	—	—	rot	+71	TZ Cas	S. 15
SY Cam	0.1—0.3	38.8	0.9	400¹)	10	—	+26	SY Cam	S. 16
Z CMa	—	keine Wellen	—	—	—	Bpe	− 1	X Per	S. 17 u. Erg.-H. 8.
RW CVn	0.1—0.6	90	0.1—0.3	540	6	rot?	+72	AD Cyg	S. 18 [C 72 u. AN
TZ Cas	0.5—0.9	150—500	—	?	—	M2	− 1	TZ Cas	S. 19 [**263**.76 (1937).
VX Cas	—	keine Wellen	—	—	—	—	0	RW Aur	AN **263**.60 (1937)
WW Cas	0.1—0.2	∾ 75—115	0.5	∾ 430	5	N3	− 4	μ Cep	AN **263**.40 (1937)
WZ Cas	0.2—0.8	115—470	0.3	5—6000?	∾19?	Na	− 2	TU Gem	S. 20
AA Cas	0.1—0.6	45—137	0,5	∾ 850	9	Mb	− 6	μ Cep	AN **263**.42 (1937)
CQ Cas	0.3—0.7	110—250	1.0	2300?	13	rot	+ 4	CQ Cas	S. 21
SVS 344 Cas	—	—	—	—	—	AO	+ 6	X Per	S. 22

¹) $Z_3 = 0^{m}2$ ∾ 1900^{d}.

[190]) Lund Meddel. Ser. I, Nr. 90 (1918). — [191]) Astron. Nachr. **271**.68 (1940). — [192]) Unveröffentl. Manuskript.

Stern	kurze Zyklen		Schwankungen der mittleren Helligkeit		Z_2/Z_1	Spektrum	gal. Breite	Art der Lichtkurve	Literatur
	Amplituden	Längen Z_1	Amplitude	Längen Z_2					
RX Cep	—	keine Wellen	—	—	—	G7	+19°	RW Aur	S. 23
ST Cep	0.5	180^d—650^d	—	—	—	Mo	− 1	TV Gem	S. 24
SY Cep	—	keine Wellen	—	—	—	—	+ 5	R CrB?	S. 25
VZ Cep	—	keine Wellen	—	—	—	Go	+14	R CrB?	S. 26
RS Cet	—	keine Wellen	—	—	—	Go-G5	−53	RW Aur	AN **263**.64 (1937)
8.1935 Com	0.1—0.3	50	0^m3	450^d	9	—	+85	CO Cyg	S. 26
RR Cyg	0.2	∾ 60	0.4	235	4	N	o	TZ Cas	S. 27
AD Cyg	0.3	105	0.5	1500	14	S	− 5	AD Cyg	S. 28
AH Cyg	0.1—0.3	100	0.6	600	6	rot	+ 5	TZ Cas	S. 29
AI Cyg	0.4	135	0.5	∾ 1600?	12	M4	− 5	TU Gem	S. 30
AW Cyg	0.1—0.2	30—80	0.6—1.1	250—650	8	N?	+12	μ Cep	Erg.-H. 8. C67 (1930)
AZ Cyg	—	—	0.4—0.8	500	—	Map	o	TU Gem	S. 31
BC Cyg	0.2	25—60	0.8	650	15	N?	o	SY Cam	S. 32
BI Cyg	0.1—0.4	100—250?	—	—	—	rot	− 1	TV Gem	S. 33
CO Cyg	0.1	35—55	0.1—0.3	170	4	K5	− 1	CO Cyg	S. 34
CY Cyg	0.1—0.5	55 u. 110	0.3	720	7 u. 13	S	+ 1	AD Cyg	S. 35
V 395 Cyg	—	keine Wellen	—	—	—	Go	+ 5	RW Aur	S. 36
U Del	0.2—0.9	30—200	0.6	1100	∾ 10	Mb	−17	CQ Cas	S. 37
ST Del	1.0	102?	—	—	—	—	−20	AD Cyg	S. 38
AO Del	?	?	—	—	—	rot	−16	CO Cyg	S. 38
AT Del	0.3	30—60	0.3	sehr lang!	—	—	−17	AD Cyg	S. 38
S Dra	>1.0	80—190	—	?	—	Mc	+39	AD Cyg	S. 39
SZ Dra	0.2—0.7	110—125	0.5	?	—	Mb	+22	μ Cep	AN **263**.44 (1937)
TU Gem	0.1—0.3	50	0.5—1.5	180—230	4	N3	+ 5	TU Gem	S. 39
TV Gem	0.2—0.3	25—80	0.4	340—420	7	Ma	+ 3	TV Gem	S. 41
TW Gem	0.2	250—360	—	—	—	K5	+15	CO Cyg	S. 42
VW Gem	0.1—0.4	∾ 110?	—	—	—	Na	+13	μ Cep	AN **263**.48 (1937)
WY Gem	0.1	60–70 u. 25–30	—	—	—	M3ep	+ 4	CO Cyg	S. 42
AB Gem	0.2—0.3	60—180	0.8—1.5	300—700[2])	4	N3p	+ 5	TU Gem	S. 44
AM Her	—	keine Wellen	—	—	—	—	+25	RW Aur?	S. 45
AN Her	0.3—0.5	35—80	—	—	—	M4	+24	AD Cyg	S. 46
RY Lac	0.5	52 u. 78	0.4	300—420[3])	6	rot	−11	RY Lac	S. 47
TV Lac	0.3—0.7	165—460	—	—	—	Nb	− 5	BY Ser	AN **263**.48 (1937)
SY Leo	0.5—2.0	82	—	—	—	—	+51	RY Lac	S. 48
6.1935 Leo	—	keine Wellen	—	—	—	Mb	+68	TZ Cas	S. 49
7.1935 Leo	0.1—1.0	50—120	—	—	—	Mb	+69	AD Cyg	S. 50
X Lyr	0.2	10—20	0.4	70—95	6	rot	+ 4	AD Cyg	S. 50
SVS 59 Mon	—	keine Wellen	—	—	—	—	− 1	CO Cyg	S. 51
V 767 Oph	0.3—1.4	50—110	0.4	800—1000	11	—	+17	RY Lac	S. 52
BN Ori	—	keine Wellen	—	—	—	A7	−12	RW Aur	AN **263**.67 (1937)
CO Ori	—	keine Wellen	—	—	—	gelb?	−12	RW Aur	AN **263**.70 (1937)
EV Ori	—	keine Wellen	—	—	—	Ko	−15	RW Aur	S. 53
SY Peg	0.4	70–80 u. 160	—	—	—	Mo	−17	μ Cep	AN **263**.51 (1937)
SZ Peg	0.1—0.2	130	—	—	—	K7	−17	μ Cep	AN **263**.52 (1937)
AD Peg	—	keine Wellen	—	—	—	g 5	−26	BY Ser	Erg.-H. 8. C68 (1930)
AZ Peg	0.2—0.7	110	—	—	—	rot	−22	RY Lac	S. 54
XY Per	—	keine Wellen	—	—	—	Ao	−11	RW Aur	AN **263**.71 (1937)
YY Per	—	keine Wellen	—	—	—	—	− 1	RW Aur	Erg.-H. 8. C70 (1900)
AX Per	—	keine Wellen	—	—	—	pec	− 8	Nova-ähnl.	S. 55
83.1933 Sge	0.1—0.4	70 u. 150	0.3	∾ 3000?	43 u. 20	—	− 4	AD Cyg	S. 55
RY Tau	—	keine Wellen	—	—	—	F8-G5	−14	RW Aur	AN **263**.63 (1937)
UZ Tau	—	keine Wellen	—	—	—	dM2e	−13	Nova-ähnl.	S. 56
WZ Tau	0.2	40—60	0.2—1.0	110[4])	2	rot	−25	RY Lac	S. 57
RZ UUa	0.5	144	0.4	1100—1700	10	M7	+34	TU Gem	S. 58 u. Erg.-H. 8. C49
ST UUa	—	keine Wellen	—	—	—	Mb	+66	RW Aur	Erg.-H. 8. C69 (1930)
TT UMa	0.1—0.2	60—100	0.3—0.5	477	6	—	+41	μ Cep	AN **263**.53 (1937)
SVS 43 UMa	0.1—0.4	100—280	—	—	—	—	+62	CO Cyg	S. 59
TY Vir	—	keine Wellen	—	—	—	K2	+63	RW Aur	AN **263**.55 (1937)
TZ Vir	0.2—0.9	60 – >100	—	—	—	Ma	+54	CQ Cas	S. 60
230.1932 Vir	—	wenig Wellen	—	—	—	—	+50	TZ Cas	S. 61
BK Vir	0.3—0.5	70—150	0.5	∾ 1220:	11	Mc	+67	CQ Cas	S. 62
10.1935 Vir	0.5	100—200	—	—	—	Mc	+70	AD Cyg	S. 62
11.1935 Vir	0.1—0.5	40—110	0.2	?	—	—	+72	AD Cyg	S. 63
12.1935 Vir	0.1—0.9	55	—	—	—	Ma	+70	AD Cyg	S. 64
13.1935 Vir	0.1—0.3	25—35	0.3—1.0	70 – >150	2	—	+69	SY Cam	S. 64
30.1935 Vir	0.2—0.7	60—130	0.4	∾ 950	10	K	+59	CQ Cas	S. 65
AV Vul	0.2—0.6	115—180	—	—	—	rot	− 8	TZ Cas	S. 66

[2]) $Z_3 = 0^m5 \sim 2100^d$. — [3]) $Z_3 = 0^m3$ mehrere tausend Tage. — [4]) $Z_3 = 0^m3$ Länge unbekannt.

Von den untersuchten 98 Veränderlichen zeigen nur die roten Unperiodischen wellenförmige Helligkeitsänderungen, aus denen Mittelwerte für die Zyklen der Grundschwingungen abgeleitet werden konnten. Sofern nicht bevorzugte Zyklen direkt zu bestimmen waren, sind in der vorstehenden Tabelle nur die genäherten Grenzen der Zwischenzeiten in der Aufeinanderfolge der Extrema angegeben. Diese in den Spalten Z_1 und Z_2 aufgeführten Werte lassen in aller Deutlichkeit erkennen, mit welcher Unsicherheit die aus den Zwischenzeiten bestimmten Mittelwerte für die Zyklen der einzelnen Sterne behaftet sind. Da außerdem diese Zahlen nur für 68 Veränderliche zur Verfügung stehen, reichen die hier gewonnenen Beobachtungsergebnisse für eine genauere statistische Untersuchung nicht aus. Sie erlauben aber eine Prüfung, ob und in welchem Grade die von Fr. Palmér unter Einschluß von periodischen und halbperiodischen Veränderlichen gefundenen Korrelationen auch bei den roten Unperiodischen allein hervortreten.

Die visuellen Amplituden dieser Sterne sind sehr klein und betragen im Mittel $0^m\!.45$. Dabei ist eine Abhängigkeit von der Länge der Zyklen angedeutet, indem längeren Zwischenzeiten etwas größere mittlere Amplituden zugeordnet erscheinen. Diese Beziehung entspricht der bereits erwähnten Korrelation zwischen dem Spektraltyp und der Amplitude. So liefern die hier beobachteten 5 Veränderlichen vom Spektraltyp K nur eine mittlere Amplitude von $0^m\!.22$ (visuell).

Die Längen der Mittelwerte für die kurzen Zyklen sind im wesentlichen ziemlich gleichmäßig zwischen 45 und 120 Tagen verteilt. Über diese Grenzen hinaus erfolgt nach beiden Richtungen eine rasche Abnahme der Häufigkeit. Die Unperiodischen schließen damit genau die Periodenlücke zwischen den δ Cephei- und Mira-Sternen und könnten somit als Vertreter der intermediate group aufgefaßt werden, wenn die Ursache ihres Lichtwechsels auf rhythmisch erfolgende Impulse zurückzuführen wäre. Das starke Abweichen der hier gefundenen Häufigkeitsverteilung von dem Palmérschen Ergebnis ist auf das Fehlen der dort einbezogenen periodischen und halbperiodischen Veränderlichen zurückzuführen.

Für die Untersuchung von Beziehungen der bei vielen Sternen vorgefundenen mehrfachen Schwankungen zueinander stehen 36 Veränderliche zur Verfügung. Die das Verhältnis der langen Wellen der mittleren Helligkeit Z_2 zu den kurzen Zyklen Z_1 anzeigenden Quotienten Z_2/Z_1 liegen zwischen 2 und 40 mit einem Mittelwert bei 10, der mit dem Ergebnis von P. Parenago[193]) aus 12 μ Cephei-Sternen, zu denen er allerdings auch einige Halbperiodische zählt, $P_2 = 10\ P_1$ übereinstimmt. Von größerer Bedeutung sind in unserem Falle die Ergebnisse, die Fr. Palmér für 55 unregelmäßige Sterne mit mehrfachen Perioden erhalten hat, zumal da diese im wesentlichen durch die dort behandelten 41 periodischen und halbperiodischen Veränderlichen bestimmt sind. Auch Fr. Palmér findet für 12 M-Sterne mit Grundperioden zwischen 88 und 120 Tagen ein Periodenverhältnis von $P_2/P_1 = 10$. Darüber hinaus scheint eine lose Korrelation zwischen der Verhältniszahl und den Längen der Grundperiode zu bestehen, indem den größeren Perioden die kleineren Verhältniszahlen zugeordnet sind. Diese Abhängigkeit tritt noch klarer hervor, wenn statt der Periodenlängen die Spektra der Sterne herangezogen werden. Trägt man in unserem Falle die Quotienten Z_2/Z_1 gegen die Logarithmen der kurzen Zyklen auf, so ist trotz der großen Streuung der Einzelwerte ein geringes Anwachsen der Verhältniszahl mit zunehmender Periodenlänge zu bemerken. Diesem im Widerspruch zu den Palmérschen Ergebnis stehenden Befund ist aber keine Bedeutung beizumessen, da die mittleren Zwischenzeiten der Unperiodischen im Gegensatz zu den von Fr. Palmér benutzten festen Perioden nur höchst unsichere Werte darstellen. Weit sicherer läßt sich diese Korrelation durch die Heranziehung der Spektra prüfen. Leider stehen dafür nur 20 Sterne zur Verfügung, von denen sieben auf die Spektralklasse M, neun auf N und nur je zwei auf die Klassen K und S entfallen. Schließt man den stark herausfallenden und auf äußerst unsicheren Grundlagen beruhenden Z_2/Z_1-Wert für WZ Cas von der Betrachtung aus, so ergibt sich das folgende Bild:

Spektrum	Zahl der Sterne	Z_2/Z_1	P_2/P_1 (Palmér)
K	2	(7:)	16.2 u. 28.9
M	7	10	11.4
S	2	10	—
N	8	7	7.7

193) Leningrad Bull. Nr. 2 (1933).

Die in den Ergebnissen von FR. PALMÉR auftretende Spaltung der Werte in der Spektralklasse K findet ihre Erklärung einfach darin, daß fast ausschließlich RV Tauri-Sterne behandelt sind, für die teilweise (z. B. für DF Cyg und SU Gem) vermutlich aus Unkenntnis der RV Tauri-Natur, irrtümlicherweise die Perioden der Doppelschwingungen in Ansatz gebracht worden sind. Auch RU Cep zeigt einen RV Tauri-ähnlichen Lichtwechsel und darf wegen der Doppelwelle in seiner Lichtkurve nur mit der halben Periode eingesetzt werden. Der korrigierte PALMÉRsche Wert für die Spektralklasse K weicht mit $P_2/P_1 = 27.5$ sehr erheblich von dem hier erhaltenen Ergebnis (7:) ab. Der hohe Wert dürfte aber richtig sein, da die P_2/P_1-Werte der RV Tauri-Sterne mit F-Spektren sogar auf über 40 ansteigen. Die hier für die beiden unperiodischen K-Sterne CO Cyg und 30.1935 Vir erhaltenen Verhältniszahlen $Z_2/Z_1 = 4$ und 10 sind in Anbetracht der überaus kleinen Amplituden dieser Sterne als äußerst unsicher zu betrachten. Für die M- und N-Sterne ergeben sich fast die gleichen Zahlen, wie sie von FR. PALMÉR erhalten sind.

Die Tatsache, daß alle bei den Periodischen und Halbperiodischen gefundenen Korrelationen auch bei den Unperiodischen nachzuweisen sind, ist in Anbetracht ihrer höchst unsicher bestimmbaren Zyklen überraschend. Man darf daraus wohl schließen, daß sowohl die stark wechselnden Längen der kurzen Helligkeitsschwankungen als auch der langen Wellen auf periodische Zustandsänderungen der Sterne zurückzuführen sind. Wahrscheinlich sind diese Pulsationen stets mit regellos verlaufenden Vorgängen verknüpft, die ihrerseits die sehr geringen periodischen Helligkeitsänderungen völlig entstellen können. Da auch bei den Novae und U Geminorum-Sternen gewisse Beziehungen zwischen den Amplituden und Zwischenzeiten der Lichtausbrüche nachgewiesen sind, bleiben von der ohnehin relativ kleinen Zahl der „Unperiodischen" nur noch die seltenen R Coronae- und RW Aurigae-Veränderlichen als völlig unperiodisch übrig. Der Lichtwechsel dieser Sterne wird aber, wie bereits bemerkt, wahrscheinlich nicht aus ihrem Innern, sondern durch äußere Ursachen ausgelöst.

FSC
www.fsc.org
MIX
Papier | Fördert gute Waldnutzung
FSC® C083411

Kolibri 360 GmbH
Ferdinand-Jühlke-Straße 7
99095 Erfurt, Deutschland
produktsicherheit@kolibri360.de